意志的力量

[美]詹姆斯·约瑟夫·沃尔什 著
沈艳蕾 译

THE POWER
OF
THE WILL
James Joseph Walsh

文化发展出版社
Cultural Development Press

图书在版编目（CIP）数据

意志的力量 /（美）詹姆斯·约瑟夫·沃尔什著；沈艳蕾译. — 北京：文化发展出版社，2018.7
ISBN 978-7-5142-2353-8

Ⅰ. ①意… Ⅱ. ①詹… ②沈… Ⅲ. ①意志－通俗读物 Ⅳ. ① B848.4-49

中国版本图书馆 CIP 数据核字（2018）第 133010 号

意志的力量

（美）詹姆斯·约瑟夫·沃尔什 著　沈艳蕾 译

出 版 人：武　赫	
责任编辑：肖贵平	责任校对：岳智勇
责任印刷：杨　骏	排版设计：白红梅

出版发行：文化发展出版社（北京市翠微路 2 号　邮编：100036）
网　　址：www.wenhuafazhan.com
经　　销：各地新华书店
印　　刷：北京亚通印刷有限责任公司
开　　本：787mm×1092mm　1/32
字　　数：124 千字
印　　张：7
印　　次：2018 年 8 月第 1 版　2018 年 8 月第 1 次印刷
定　　价：58.00 元
ＩＳＢＮ：978-7-5142-2353-8

◆ 如发现任何质量问题请与我社发行部联系。发行部电话：010-88275710

前　言

一战爆发后，法国在三年间失去了众多卓越的青年。"是的，很多杰出的青年都离开了我们，不过，我们每失去一位，就会有两位更出色的青年站出来。"一位法国医生如是说。这些话其实是个隐喻，所表达的真意是，战争可以激发人们的潜力，从而促使人们发挥出更强大的力量。对于历经沙场的人而言，其潜力的确会爆发出来，从而很好地完成那些从前自以为无能为力的事情。同时，他们也会意识到，原来自身具有如此大的潜力。最关键的是，他们还看到了：强大的意志力能让自身变得果断，并勇敢地接受一切挑战；只要倾尽全力，就会有奇迹发生。

总之，人类在战争中重新树立起了追寻美好生活的信念，重新寻回了强大的意志力。在一战期间，举世闻名的法国元帅福煦坚定地说："战争，其实是意志的较量。若我们在心里认为自己已经输了，那就真的输了；若我们举旗投降，那便输得更彻底了。"

和从前不同的是，当代的人越来越注重心智的发展,也越来越注重意志的力量。在这一点上,"炮弹症候群[1]"是极为明显的例证——心智在很多时候都会做出负面的暗示,要防控这类疾病,意志的力量尤为关键。在一战中,我们可以找到很多实例证明意志具有巨大的影响力。通过这本书我们可以了解到,意志对我们的人生来说至关重要,它所起的作用超过了其他一切因素,它守护着我们的身心健康,让我们免遭疾病的侵害。我们不仅要重视意志的力量,还要学会借助这种力量来改善生活。当今时代,若还是一味鼓吹智力因素,势必会阻碍人类的进步,因为人们将误入歧途,找不到处理难题的正确对策。

---

[1] 炮弹症候群:又称炮弹休克,精神疾病的一种,表现为:炸弹爆炸之后,士兵们会出现头痛、耳鸣、记忆力减退,甚至失忆、眩晕和震颤等症状。

contents

目　录

第一章　与死亡作战　　　　　001

第二章　恐惧的恶势力　　　　013

第三章　习惯是把双刃剑　　　029

第四章　同情是一味毒药　　　041

第五章　自我怜悯的陷阱　　　051

第六章　无意胜有意　　　　　059

第七章　最好的止疼药　　　　075

第八章　蔑视痛苦，必有所得　083

第九章　走出来的健康　　　　095

第十章　吃出来的健康　　　　107

第十一章	"绝症"的天敌	123
第十二章	肺炎的克星	139
第十三章	感冒咳嗽"不是"病	147
第十四章	一呼一吸间的意志	157
第十五章	好习惯与好肠胃	163
第十六章	忘掉心痛的感觉	173
第十七章	慢性病,慢慢来	183
第十八章	战胜自我是最好的治疗	197
第十九章	女人的责任与意志	207

第一章　与死亡作战

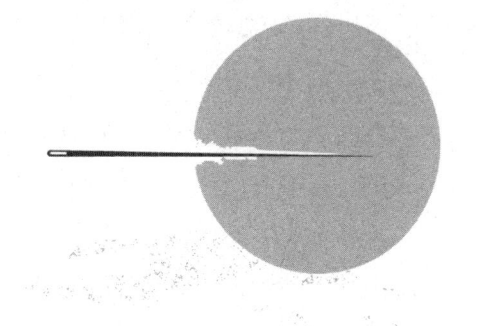

众所周知，意志会对我们的健康和行为活动产生极为重大的影响。这个观点不仅受到了心理学家的认同，还受到了众多关注心理健康的公众和广大医务工作者的认同。关于意志的影响力，我们可以从很多实例中窥见一斑。两个关系密切的人同时患了病，其中一人因病不幸离世，而另一人引以为戒，惩前毖后，尽力拯救着自己。的确，在面对死亡时，我们不但会感到痛苦万分，而且心理防线很容易崩溃。当我们听闻自己病情持续恶化时，心情定然会无比失落，就算看到有人病愈，也没办法打起精神来。我们对健康的渴望日益削减，这种心理状态无益于对疾病的治疗，甚至会导致极其严重的后果。如我们所知，我们患病的原因有很多，有时候是我们怠慢了自己的身体，有时候是因为受到了外界的冲击，譬如听到亲人离世的消息，但无论是何种情况，患病这件事一定会对我们的心理造成巨大的冲击。有的人能恢复健康，有的人却无法逃脱死亡的魔掌，不管是哪种结局，都和治疗过程中的心态息息相关。有些人一步步朝死亡走去，并不是因为精神上备受打击，而是因为他们已默默地选择了"放弃"。他们毫无斗志，缺乏求生欲，而这样的意志力却对恢复健康十分重要，甚至可以说是决定性因素。

意志的力量是超乎想象的，哪怕在病情上已经进入不可逆的阶段，有的人也能凭借坚强的意志活下去。他们或许已经无法正常进食，但他们的身体还能维持很多基本功能。真实的生活，总是震撼人心的。当然，这些话只不过是对某些特殊情况的表述，一般情况下，意志的确可以凭借一己之力为病患争取更多的时间，但能争取多少时间，还得看患者身体的具体情况。毫无疑问，生命是有终点的，但很多时候，我们还是惊诧于意志的能量，诸多实例告诉我们，借助意志的力量，延长存活时间，这种事情并不是不可能，而且最终结果往往出乎我们的预料。意志是生存的因素之一，意义非凡。一旦丧失了意志，生命也就快要到终点了，科学地说，个体会很快迎来生理性死亡。换句话说，生命凋零之前，意志定然已荡然无存。

想必很多医务工作者都曾有过这样的经历：生命垂危的病人在"死期"确认后依然能坚强地活着，那是因为他们在等着和至亲故友们见上最后一面。病床上的母亲苦苦支撑着，只为临终前抱一抱儿女；病危的女子努力挣扎着，只为见到丈夫，和他告别。实际上，他们的身体已经无力支持他们的心愿了，机体的各项功能留给他们的时间少之又少。或许这样的例子并不多见，但就算我们将其视为特例，这也足以证明：在大部分人身上，意志的能量都未能被充分地发挥出来；甚至，大部分人从未意识到，意志是个得力的助手。在这种情况下，当人们急需帮助的时候，鲜有人能唤醒意志的能量。就我个人而言，我还是坚信，意志力能够帮助人们与死亡作战，为生命争取更多时间。当然，如果患者自身选择了放弃，那么生命也会选择放弃。

十九世纪，爱尔兰诞生了一位杰出的临床医学专家，那就是著名的威廉·斯托科斯医生。他主攻的是心肺疾病，其研究成果对现代医学影响深远。斯托科斯在柏林工作时曾接手过这样一个复杂的病例：一位爱尔兰籍退伍老兵，在战时多次受伤，落下一身的病痛，如今只能在医院里等死。在给他做了全面的检查之后，斯托克斯认定，这个病人只有一周的生命了。然而，一周很快过去了，老人还活着，虽然身体情况已不容乐观。这一次，斯托科斯告诉学生们，病人最多还能再撑一两天。可是，老人坚强地撑过了无数个"一两天"，而且天天都会和斯托科斯打招呼。在这之后，斯托科斯和他的学生们依然尽心尽力地照料着这位病人，并对他的求生状态刮目相看。

忽然有一天，老人跟斯托科斯说："大夫，你一定要帮助我活到下月一号啊，那天我的养老金就会到账，只有拿到养老金，我的家人才有钱为我料理后事。"

从这天算起，还有十几天才到下月一号。斯托科斯告诉学生们，别听病人瞎说，按照目前的病情来说，他熬不了那么久。这一次，他们又错了。在这十几天里，他们每天查房时都发现，病人静静地躺在病床上，毫无濒死的征兆，看起来死亡还没有向他伸出魔掌。到了一号这一天，斯托科斯一大早就来到了病房，此时，病人虚弱地对他讲："大夫，我的养老金清单就在这儿，请您替我签收了吧。然后我的家人就可以拿到这笔钱了。能活到今天，我真的很开心，家里人终于可以顺利将我安葬了。"斯托科斯替他签收了养老金，而他也已做好了面对死亡的准备。几个钟头之后，病人离开了人世。在这之前的日子里，他凭借意志力坚强地活着，因为他还有个愿望尚未实现。在目标实现之后，他终于可以安心了，死亡随之而来，生命就此败落。

此外还有个实例，发生在十九世纪的法国监狱里。这个实例告诉我们，当人濒临死亡之时，意志力具有维持生命的力量。那个时代有个旧习，倘若有犯人死在监狱里，人们就会用生石灰将其尸体掩埋。王尔德曾在小说《雷丁监狱之歌》中描述过相关细节，而在爱尔兰的监狱里，这种不人道的做法也十分盛行。一九一六年，爱尔兰宣告战败，一大批关在监狱里的战犯被处决，尸体都被埋在了生石灰里。凯尔特人是极为厌恶这种恶习的。在法国监狱里，有位来自布雷顿的凯尔特人得了肺结核，监狱自然不会替他治病，因为他们觉得，患上这种病，死掉是早晚的事。犯人特别担心自己会死在监狱里，而监狱里的医生则认为，他基本上没有可能活着出狱。然而，这个凯尔特人仍然坚称，在刑满之前，自己绝不会死去，他不允许自己的遗体被生石灰掩埋。医生对他的宣言嗤之以鼻，在医生看来，那不过是个奢望，对人的生死去留毫无用处。尽管被宣判了"死刑"，但这个犯人仍然没有放弃自己的生命。肺结核日日折磨着他，但他奇迹般地撑了下来。刑满期限将至，他的情况引起了医生们的关注。此时，距离医生判定的死亡时间已经过去了好几个月，而他还在苦苦坚持着。终于，服刑结束了。在出狱之后，他第一时间安排了自己的后事。当他得知自己死后可以长眠于地下，而不会遭遇惨无人道的对待时，他便放松了心力，安心地离开了。

在我们的生活中，还有很多例子可以证明意志力的重要性。我们常常发现，有些人总是马不停蹄地忙碌着，他们把大部分的时间都用在了工作上，每天只花三四小时来睡觉，但看起来依然有着无穷的精力，总能完成许多艰巨的任务。更令人震惊的是，这样的人通常寿命都很长。普鲁士王国的首相便是这样的人，他活了九十几

第一章　与死亡作战

岁。他四十几岁的时候，每天只睡两三小时，甚至有时候只在椅子上小憩片刻。里奥十三世也是如此，他于六十四岁当选教皇，当时有许多人都嫌弃他身体不够好，认为他撑不了多久。但他日理万机，恪尽职守，最后活了九十三岁，比前几任教皇都长寿。

这样的例子实在太多了。威廉·尤尔特·格拉斯通作为英国首相，是十九世纪杰出的政治家之一。他每天都在不停地工作着，最后活了八十几岁。此外，他还是著名的作家、学者，并拥有强烈的人文情怀。

众所周知，在十九世纪，无人敢说自己身负的重任堪比俾斯麦和毛奇。这两位卓越的政治家都活到了八十几岁。俾斯麦在自己八十一岁寿辰时曾说，之前八十年的美好尽在此刻汇聚，下个八十年，人生将更加灿烂辉煌。

我曾和杰出的美国诗人托马斯·邓恩·英格里斯并肩而坐，那个场景我永生难忘。那是在宾夕法尼亚大学的一次校友聚会上，英格里斯和我们聊起了人生志向。要知道，他那会儿已经八十几岁了，可看起来老而强健，不失风采。纵然上了年纪，他也不愿闲度晚年，而是经常和年轻人进行探讨和交流。

我的老师维乔是位卓越的病理学家。曾有人评价说，若他离去，便带走了四个人。这是因为他不仅是病理学家，还是杰出的人类学家、医史学家和公共卫生学家。

他在七十五岁的时候，每天的工作量堪比两三个青年医学工作者，而且精神状态非常好。八十一岁时，他因车祸不幸离世。我知道，若不是这次意外，他定能开开心心地活很久。

著名的历史学家冯·兰奇的主要研究方向是教皇发展史。他在九十几岁高龄时着手创作十二卷历史著作，计划每年写完一卷。最后，他创作了六卷，这已经相当了不起了。

我有些在美国研究医学的朋友，人到中年仍兢兢业业，他们的生活尽管忙碌，但富有活力。近年来先后过世的史蒂芬·史密斯、托马斯·艾迪斯·艾美特、约翰·W.格利、威廉·汉娜·汤普森等人，以及刚过完八十五岁寿辰的威尔·米切尔，都是这样的人，他们都很高寿。

上述这些优秀的人才无一不拥有强大的意志力，并凭借这股强大的力量，勤勤恳恳地工作着。意志力是用之不竭的，不但如此，还能将他们的潜能一一激发出来。强大的意志力对他们的生活影响至深，不仅为他们的工作提供了能量，还为他们争取了更多的时间。事实上，忙碌的工作并非如常人所认为的那样令人疲惫不堪，反而会令人精神抖擞。很多人都觉得，忙碌的工作会消耗我们的精力，缩短我们的寿命，可身为医学研究者的我，在分析了众多病例后发现，人们的倦怠感并非来自工作和生活的忙碌。譬如说潜在的肾病、风湿和肺部感染等，致死的原因绝不是工作太忙，而是疾病本身。更何况，在这些疾病面前，人人平等，无论你的工作和生活是否繁忙，这里面并无必然联系。人类被微生物侵袭，就好像走在马路上被车撞到一样。当我们面对人生的考验时，意志力会给予我们生命固有的强大力量，帮助我们更坚定地走在人生之路上。真正腐蚀人心的，是怠惰之意。无度的安逸生活是有害的，它消磨着我们的心力，比忙碌的生活更可怕。

意志力是生命力的强大支柱，它能与死亡抗争，所以说，它是生命得以延续的一个关键因素。意志力能为我们带来健康的体魄，在追逐成功的道路上，为我们加油呐喊。不过，人们对意志力的重视程度还很低，原因很多，也很复杂。原因之一是，人们在讨论自由意志及其决定性影响时，并没有涉及意志力的独立功能。尽管只有受过高等教育的人才会被自由意志思想所影响，可是这些人对大众的影响力是不容忽视的。此外，部分媒体和作者总是在强调，人是环境的产物，无法掌控自身命运，这类舆论导致很多人对意志力持怀疑态度。如此一来，人们的意志力便无从发挥了。

除了思想因素之外，安逸的生活也会阻碍意志力的发挥。如今，很多人都贪图安逸，觉得那样的生活无须投入过多精力便能坐享其成。当代社会所宣扬的"追求进步"，说到底其实是"让生活变得更安逸些"。几百年前对荣华富贵的定义，放到现在已不值一提。寒风早已吹不进我们的房间，遥远的路途早已不在我们的脚下，人类早已不能容忍饥寒交迫、身心俱疲的生活，而把精力放在了贪图享乐上。的确，现代生活愈加安逸了，但同时，一个危险的信号也已经发出了：因为我们不用消耗过多精力便能轻松度日，轻松工作，所以我们的意志力被彻底抑制住了。

人们千方百计地控制着自身精力的输出，自以为那些被积攒起来的精力应该被用在更高的追求中。就动物而言，蓄积能量这件事倒是颇为奇妙的。它们所蓄积的能量会受到自身身体状况的限制，并且它们之所以要蓄积能量，是为了支持身体的各种行为活动，而不是去做有意义的事。这样的过程，就好比电学中的"短路"。如此说来，人类的发展趋势似乎不容乐观。我们生活得越来越安逸，但后果可能会越来越严重。简单地说，安逸的生活所带来的影响，大部分都是负面的。最初，人们未必能意识到这一点，若想要看得透彻些，就需要我们认真审视自己的生活模式，正视意志力的存在及其作用。

和所有的身体功能一样，人的意志也离不开长期反复的训练，倘若我们将它搁置不管，它就会不断弱化。当今时代，需要用到意志力的时候并不多，所以大多数人的意志力都变得相当脆弱。长此以往，那些意志力原本很强大的人，最后都会变得平淡无奇。令人遗憾的是，现实的确就是这样的。意志本可以激发人的无数潜能，现在却被抑制住了，那么，那些潜能自然也就被埋没了。威廉·詹姆斯在《人类的能量》一文中提出，鲜有人能单纯地以行为追求到最大化的成功。"人们只利用了自身能量的很少一部分，而这已经成了一种习惯。然而，只有在良好的状态下，人们才能激发出自身的全部潜能。"

詹姆斯想要表达的是，意志力是追求美好生活和幸福人生的重要因素。正如普科勒·穆斯克所说的那样："人类凭借自身能力，利用那些微不足道的物质创造出各种精密的材料和武器——每每想到这件事，我都由衷地开心，并倍感满足。这是意志力的最好体现，这足以证明，意志力几乎可以征服一切，让人类社会充满无穷尽的可能性。"

是的，意志力几乎可以征服一切。在运用意志力对抗疾病、保持健康这方面，人们从前做得并不算太好，但不管怎样，从现在开始，我们需要正视意志力的重要性。在年轻的战士身上，我们可以看到：意志力或许会休眠，但绝不会消失，只要我们懂得如何运用它，便能创造出一个又一个奇迹。这就是战争留给我们的启示。事实上，人类能做到的、能承受的，远不止大脑能想到的那些。在不断创造和不断受让的过程中，人们得到了满足，而这种满足感绝不是简单的快乐，它还有更深层次的含义，不但能满足身体的需求，还能满足精神的需求。如果我们能不断地强化自身韧性，勤勤恳恳地去工作，那么意志力会帮助我们成为强者，而不会给我们带来过多的劳累。

在美国军队里，自律训练深深地影响着年轻的战士们。他们中的大多数在走进军营之前都生活得很优越，从来不用为衣食住行而奔波吃苦，更未遭受过不幸或失败。阿格尼斯·雷普利尔曾在专栏中提到过一封家书，这封家书是一位美国中尉写的，他在入伍前一直养尊处优。一九一八年的初春，他写下了这些话：

雨一直在下，四周找不到一片干燥的地方，我只好蹲在一个泥坑里，旁边还蹲着一大片法国青蛙。我早已不记得，躺在干净的床上是何感觉。值得庆幸的是，我如今力强体健，像钢钉一般硬朗。我站着能睡着，铁屑能吃饱，我甚至不太确定，这世上到底有没有"伞"这种东西。

倘若我们可以不断地将自身的意志力激发出来，那么生活定将越来越美满。不可否认，在某些方面，战争会给我们带来启示和补偿。

第二章 恐惧的恶势力

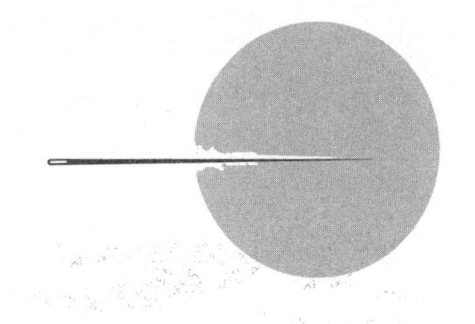

在前文中，我们详细了解了意志的力量，同时也知道了，很多人都未能合理地借助意志力来保持身心健康。那些被忽视的意志力，最后都只能陷入沉睡。若我们能认真地审视一下周遭的万事万物，便不难理解，为何我们的意志力会被忽视或抑制。如果意志力得不到充分发挥，那实在是太可惜了。然而，人们的顾虑和犹豫，宛如一道高墙，将意志的力量隔绝其中。所有的负能量都在阻止人们推翻这道高墙，而恐惧感则让人紧闭心门。在这样的情况下，人们的行为便受到了巨大的影响。时至今日，很多人仍然觉得，无法成功是因为自己没有能力，并认为风雨之后才能见到彩虹。当然，这么想也不是没有道理，但是他们错误地认为，成功只属于能力超群之人，普通人再努力也没有用，机会和价值不会青睐自己。鲜有人会为自己设定具体的奋斗目标，因为人们总是担心自己能力有限，害怕自己做不到。在身处困境

第二章 恐惧的恶势力

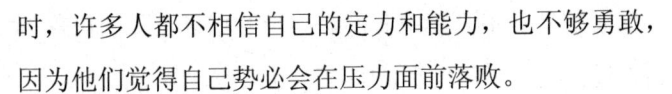

时,许多人都不相信自己的定力和能力,也不够勇敢,因为他们觉得自己势必会在压力面前落败。

不自信的人,行动效率也会降低,更无法掌控自身的各种能力。这就如同我们想要拉断一根韧劲十足的绳子,坚定果断的人会把绳子先缠在手臂上,用力一拉,绳子一下就断了;瞻前顾后的人总在想,这样不行,那样也不行,他们觉得自己怎么做都拉不断绳子,最后一事无成,还伤了手指。实际上,如果他们像前者那样做的话,他们本可以拉断绳子,而且还不会受伤。然而,他们太不自信了。当他们的尝试均以失败告终后,他们便认为自己没有他人那般有力气,终究是无法拉断绳子的。消极的情绪油然而生,他们不再愿意做出任何尝试。

恐惧心理对行为的影响是深远的,它会夺走自信,让人们惧怕失败,以至于无法做好各种事。这个现象由来已久,在古代传说中也能见到相关的描述。一个门徒问圣安东尼,在朝圣路上,何为最大的失败?圣安东尼最令人敬佩的地方是,他拥有强大的抵御诱惑的能力。他活了一百年,其中有七十几年都生活在荒漠,而且大多数时候都无人陪伴。于是,他拥有足够的时间去了解、思考和探索人性,并为世人做出指引。大多数门徒在朝圣时都想要找出一条捷径,这个门徒也不例外。圣安东尼告诉他:"我年事已高,一生中失败无数,但绝大部分失败都是看不见摸不着的,因为它们只在我的假象中出现过。"

如果我们能摒除恐惧心理,那么,无论是疑虑,还是犹豫,这些负能量所造成的影响都会统统消失。我们应该努力摆脱那些假象的失败,努力克服内心障碍,这样才能让意志力得到充分发挥,若非如此,我们不仅将失去健康的身体和生活,还会失去崇高的精神和思想。

许多人的一生都是碌碌无为的,不幸的是,他们并不清楚自己失败的真正原因。他们始终在殚精竭虑地提防着失败,担心自己进退维谷,或者赔了夫人又折兵,如此一来,他们逐渐丧失了信心,不再投入精力,选择了放弃。克服恐惧心理,才能向成功迈进,才能维系我们的身心健康。只要迈出了第一步,成功便离我们不远了。有一个好的开始,定能事半功倍。当我们信心百倍地去做事时,通常都能将事情做得很好。相反,如果我们心怀疑虑,总是害怕失败,害怕自己白费气力的话,事情便很难做好。被恐惧心理左右的人,很难发挥出自身的能力,无论做什么事都事倍功半,成功的概率自然会大打折扣。恐惧心理不仅影响着我们的身心健康,还影响着我们对成功的追求。人生经验告诉我们:我们所惧怕的一切,往往都是自己假想出来的,实际上现实情况不一定如我们所想。当然,或许有的人一辈子都看不透。

第二章　恐惧的恶势力

我们所说的"恐惧"，是指精神状态、心理状态或神经系统变得异常敏感，严重的会导致精神疾病，而恐惧症患者会生活得极为痛苦。举个例子来说，污垢会引发一些人的恐惧心理，也就是我们常说的"洁癖"。这种恐惧感是极为夸张的，患者不敢触碰任何带有污垢的东西，害怕手上沾上细菌，因此总是不停地洗手。就算手已经十分干净了，他们还是会觉得皮肤瘙痒。诸如此类的恐惧心理还有很多，有的恐惧心理比"洁癖"有过之而无不及。譬如"恐高症"，患者站在高处时绝不敢向下张望，因为他们的内心随时会陷入极度的恐惧之中。有的人不敢坐在天台上，有的人不敢坐在前排位置，还有的人不敢跪地仰望，此类心理和"恐高"如出一辙。我还碰到过一些牧师，他们不敢登上祭台，哪怕祭台的高度只有五六级阶梯而已。

患有黑暗恐惧症的人，如果没有光，就无法入睡。此类恐惧心理，多半和从前的危险经历有关。我遇到过这样一个患者，他患上黑暗恐惧症的原因是：某天夜里，他发现有小偷进屋，于是大声质问对方是谁，没想到对方朝他开了一枪，子弹打中了床头。这件事对他的心理产生了极大的影响。实际上，大部分黑暗恐惧症的病因都不甚明确，而患者们通常都不愿和这类倾向对抗，反而任其肆意蔓延，最终导致内心不堪重负。

患有幽闭恐惧症的人会十分惧怕待在封闭空间内。英国作家飞利浦·吉尔伯特·哈梅尔顿便是这类患者，他无法忍受火车车厢这样的封闭环境，每次坐火车他都会狂躁不安，失去理智，最后只能提前下车。

恐惧症的类别数不胜数，无论是何种恐惧症，都对人们的身心健康极为不利，更会对美好的生活造成损害。很多精神疾病患者，为了摆脱恐惧症而寻求了各种方法，最后心力交瘁。恐惧症影响了他们的专注力，导致他们没有办法完成正常的工作和任务，而这些事情对常人来说都是很简单的。更重要的是，恐惧症的存在极大地束缚了意志力的发挥。

摆脱恐惧症的方法只有一个：长期反复地训练自己去做"不敢做的事"，直至将其转化为习惯。习惯，是受内心掌控的，不会受到负能量的影响。事实上，人类都是具有恐高心理的，不过现在有很多人都能克服内心的恐惧，在高楼大厦的办公室里安安稳稳地工作，甚至进行高空作业。最初，人们决定走进高楼大厦的主要原因是在那里办公"收入较高"，在熟悉了这样的办公环境之后，这种工作方式也就成了习惯。

想要摆脱恐惧症的纠缠，说起来容易做起来难，需要人们理智地激发出自身的潜能，从而抑制住内心的恐惧感。这是一场长期的战斗，信心必不可少，坚持才能胜利。勇猛的战士并非天生嗜血，第一次作战一定会令他们惶恐不安；优秀的外科医生并非天生就懂得如何拿起手术刀，第一次手术一定会令他们头晕目眩。然而，通过长期反复的自我训练，他们都战胜了内心的恐惧。在现实生活中，大多数恐惧症患者都是因为自己的原因才会输给恐惧症的，他们的恐惧心理原本很轻微，但他们举起了白旗，任由自己被恐惧心理侵蚀。他们必须行动起来，向恐惧症宣战，改掉这些内心的不良习惯，当然，这并非是说要去克制恐惧心理——它是人类的自然倾向之一。很多患者都因为自身无法克制恐惧心理而变得越来越消极，事实上，他们错误地将恐惧心理和恐惧症画上了等号，以至于他们自始至终都无法战胜恐惧症。恐惧症属于"第二天性"，简单地说就是一种习惯，当然，这绝不是个好习惯；而恐惧心理是人类的自然倾向，二者之间天差地别。在坚定的行动面前，这些不良习惯终将被克服。

不排除有的恐惧症取决于生理因素，有的恐惧症是道德问题造成的，不过，大部分恐惧症还是因为精神状态的紊乱而产生的。譬如说失眠症，绝非生理性病症，而是心理疾病。我曾在数年前潜心研究过"失眠"这件事，在我看来，人们之所以会失眠，主要还是因为内心恐惧，属于恐惧症的一种。这种恐惧症会导致生理上的不适感，让人难以入眠。和失眠恐惧症相似的还有广场恐惧症，患者很难在开阔之地久留。任何恐惧症，对人们的生活都影响巨大。通常而言，只要能找到合适的解决之道，这些恐惧症都是能被克服的。

如果人们一直对失眠这件事殚精竭虑，那么迟早会因此而精神崩溃，身体也会被拖垮。患有失眠症的人，一上床就会感到害怕，甚至从傍晚开始，就一直惶恐不安，担心自己又会失眠。这种病态的恐惧彻底打破了他们的心理平衡，如魔鬼一般纠缠着他们。就算已经疲累到虚脱，他们也没有办法正常入眠。一部分患者在上床之前会竭力控制自己内心的焦躁感，然而一上床，焦躁感还是会悄然来袭。如果无法在十分钟内入眠，那就意味着他们又将度过一个不眠之夜。他们十分担心自身的状况，变得忧心忡忡，从而加重了失眠症的病情。对这类患者而言，药物是没有用的，因为药物无法解决心理问题，这就好比给恐高症患者和黑暗恐惧症患者吃药一样，都是白费功夫。恐惧症患者想要摆脱恐惧症的纠缠，只能借助意志力来克制内心的病态恐惧。

除了精神紊乱而导致的恐惧症之外，还有些恐惧症是由于认知问题造成的。患有这类恐惧症的人，对某些事物的认知出现了偏差，直接导致他们做事不力，某些行为也不够健康。比方说，他们为了不失眠，总在寻求各种助眠方式,殊不知,很多做法都有百害而无一利。不管是大量服用奎宁,还是喝很多威士忌,这些伪科学的催眠方式,副作用远远大于失眠本身,人在翌日醒来之后,定会更加痛苦。对于失眠来说,奎宁和威士忌都是毫无用处的,然而很多人仍然在这么做,那是因为他们的认知出现了错误。

我们经常会因为某些突如其来的想法而感到恐惧。接下来的实例会告诉我们,倘若恐惧和疾病狼狈为奸,我们的身体将不堪重负,我们的生活将偏离航线。

我们需要更加深入而全面地理解恐惧症。恐惧症不仅会对我们的生活造成影响,还会阻碍我们获得成功。有人总认为,自己没有办法获得应有的成绩,是因为自己有缺陷、有问题。这类病态的想法最终会引发忧郁症。这些人总觉得自己无法承担某些工作任务,因此在这些工作任务出现的时候,他们会躲得远远的。一些人总认为自己的首要任务就是保重身体,但实际上他们毫无生理性疾病,所谓的"体弱多病"无非是他们的假象罢了。几个世纪以来,忧郁症总是和人类形影相随。忧郁症(Hypochondria)的词根源自希腊语,意思是指能引发部分生理反应的情感反应,这些生理反应包括胃部不适和肋下疼痛等。

如果不改变此种心理状态,那么患者将一直遭受病症的困扰，意志力将越来越薄弱。不可否认的是，人人都拥有应对工作与生活的能力，只是有的人缺乏主观能动性，无法挖掘出自身潜力。一旦心中产生某种情绪，他们就认定自身抵抗不了疾病所施加的压力。奇怪的是，很多患上忧郁症的人都不愿做出改变，只会在生活面前抱怨连连。在恐惧心理的影响下，他们不敢正视美好的生活，而且放弃了与疾病的对抗。如果任由意志消沉，那么，美好的生活只会渐行渐远。在很长一段时期内，这样的状态都不会得到改善，纵然身体无恙，他们也会整日唉声叹气，认为自己身体不好。这种抱怨的常态，根源绝非疾病本身。

人们对疾病的恐惧程度，和他们对疾病本身的认知程度直接相关。例如，近年来，很多人总是谈"黏膜炎"色变，这是因为他们对"黏膜炎"的认知有误，以为患上这种病之后，智力会受到威胁，身体也会遭受重创。其实"黏膜炎"的医学定义主要是指：黏膜发炎的初期，分泌系统超常规运转。这种疾病对身体的影响并不大。

然而，"黏膜炎"这个词一度被滥用，导致人们对它产生了错误的认知，以为炎症会让黏膜受损，并对黏膜系统造成极大损伤，从而影响身体健康。很多治疗这种病的药品的宣传也都是毫无科学依据的，为了让消费者掏腰包，药商们不择手段地给人们施加着心理压力。

如此一来，很多人都因为"鼻喉分泌物过多"之类的原因，认定黏膜炎是十分危险的疾病，并觉得自己抵抗力太差，就是因为患上了黏膜炎的缘故。在现实生活中，在美国，尤其是在美国北部和东部地区，人们患上慢性黏膜炎的概率是很高的。温差过大和湿度过高，都会引发黏膜炎。也就是说，黏膜炎对身体的危害性很小，只有敏感体质的人才会感到轻微的不适。

如果不是特别严重，黏膜炎会不治自愈。炎症消除之后，身体便会恢复正常。黏膜炎的病因有很多，微生物感染便是其一，此类感染会导致细胞形态变异。就算是这样，这种病理学上的轻微的细菌侵入，对身体的影响并不会很大。还有人说，患上黏膜炎后，身体会产生臭味，这个观点有些片面。如果是白喉等感染性疾病所引发的黏膜炎症，我们的确需要忍受一段时间的臭味，不过这种情况并不常见，也不会导致不良后果。

药品广告中常常提到，黏膜炎会从鼻咽部位扩散至身体的其他部位，这个说法也是不正确的。黏膜炎不仅会出现在鼻咽部位，也会出现在胃部等部位，但是不管它出现在哪里，都能快速自愈，不会危害我们的身体。当我们大口大口地吸气时，鼻黏膜便会出现轻微的炎症，这是因为大口吸气造成鼻黏膜充血，分泌物增多。同理，胡椒粉一类的调料，还有萝卜等，都会导致胃粘膜发炎。

这些疾病都是很轻微的，并不会给人带来巨大的痛苦。尽管如此，依然有很多人坚称自己得了黏膜炎，在我看来，他们对自己的身体十分不自信，并视其为"自己对某些事无能为力"的借口；当他们真正患上某种疾病时，这种慢性疾病的确会给免疫系统带来一定的影响，而这种情况又让他们进一步不再相信自身的免疫系统。

上述的恐惧心理都源于错误的认知。我们可以允许自己无知，也可以允许自己不懂人心，但绝不能允许自己被错误的舆论误导。恐惧心理不仅会影响我们的工作和生活，还会影响我们的健康，让我们在患病时无力抵抗。令人悲观的是，在某种程度上而言，大部分学校所开设的生理课程，不但没有让学生学到生理常识，反而让他们产生了恐惧心理。就拿我们这代人来说，我们对身体构造和生理机制方面的知识知之甚少，片面的认知令人患得患失，焦躁不安，不懂得关爱己身，不懂得经营健康。若能摒除焦躁之心，人们将会洞察自身的强大力量。

和"黏膜炎"的情况如出一辙，最近"自体中毒"也给人们带来了极大的负面心理压力。相对而言，"自体中毒"的说法比较专业，普通人并不十分了解。简单地说，肠胃中毒就是最常见的"自体中毒"。人们总觉得"自体中毒"十分神秘，不仅涉及范围广，而且意义重大，于是开始以讹传讹。实际上，"自体中毒"的科学定义是：若肠胃的消化时间延长至二十个小时以上，抑或受到了刺激性食物的影响，那么我们的身体就会吸收到毒素，并表现出一些生理性症状，譬如犯困、肠胃不适、饭后行动受阻等，有时还会出现皮肤灼热、头疼等其他部位的不良反应。当然，其他部位出现不适是很少见的。"自体中毒"者会表现出精神萎靡的状态，总觉得自己什么都做不好。一般来说，这种疾病所表现出来的神经性病症，会联合其他病症一起对精神施加压力，导致情绪失控和神经过敏。

自体中毒让人们心生惶恐，而这种无谓的担忧对健康毫无益处。这几年来，"自体中毒"被用来解释诸多其他身体部位的不适，而实际上，那些不适都是功能性紊乱造成的，比方说久坐不起、空气不流通、缺乏锻炼、饮食结构不合理，等等。这些不良的行为习惯影响了我们的身体功能，导致胃肠中的毒素累积过多。在这种情况下，肠道会做出下意识的反应，这种反应并不一定意味着我们生了病，只是单纯的生理反应罢了，尽管如此，它还是会引起某些人的焦虑。

沃尔特·C. 阿尔维雷兹医生曾为加州医学院的一个项目撰文，他在文章中写道：通过体检不难看出，这类症状的诱因都十分明确。也就是说，可以确诊为自体中毒。"肠道功能紊乱会导致诸多疾病"的看法毫无科学依据，纯属谬误。

就拿"便秘"来说吧，通常情况下，这种症状会在弯腰后得到缓解，由此可见，它和"毒素的吸收"毫无关系。毒素的扩张方式是机械的，最终导致的是结肠炎。神经敏感的人比较容易出现"便秘"症状，因为消化系统的各项功能会受到感官神经的影响。曾经还有人提出，藏匿在身体里的毒素是忧郁症的罪魁祸首，当然，科学已经为我们解释清楚了这一切。

还有很多病理学知识是被人误解的，很多时候，人们一听到某些疾病的名字，就会惶恐不安。在我看来，人们误解最深的莫过于"尿酸"和"尿酸元素"了。实际上，这些医学专用词很少被医生们提及，可是人们却为它愁肠百结。

其实，大多数的身体不适，皆是由于缺乏锻炼，以及空气污浊所导致的，然而人们却为此备感焦虑，从而影响了做事情的专注力。片面的认知会打击我们的信心，削弱我们的斗志，给我们带来无谓的痛苦。我们应该借助意志的力量，将这些无谓的烦恼统统驱逐出境。

若能计算出恐惧心理所消耗的内心能量，恐怕结果会令人咋舌。可惜，仍然有很多人对药物唯命是从，以至于身体变得越来越差；要不是滥用药物，他们的身体也不至于如此。奥利弗·温德尔·霍尔默斯早就说过："对人类而言，把所有的药都丢进海里，绝对是件大快人心的事，但对海洋生物而言，绝对是一场灾难。"就算放到现在，这番话依然发人深省。我每年都会参加很多讲座和会议，总会遇上很多优秀的人才和朋友。令人震惊的是，很多杰出之人都在长期服药，据他们说，这是为了预防疾病。然而，这种患得患失的做法，只会让我们的抵抗力越来越差，更容易被危险侵袭。

无论是何种恐惧心理，都会抑制我们意志力的发挥，对身体健康造成危害，对生活和工作造成影响。它们犹如道闸，阻拦着人们内心的冲动，阻碍着精神的发展。后果的严重性不堪设想。在很多患者身上都能看到这种情况，恐惧心理一点点地抽走了生命的活力，让人变得越来越消极，并且无力改变现状。深入了解恐惧心理的成因，于人于己，都至关重要。倘若人们可以摆脱内心的束缚，便能够战胜恐惧的心理。对于精神病患者来说，想要恢复健康，就必须克服内心的恐惧。我们应该将这种精神分析法推而广之，让更多的人得到现代心理学的帮助。

第三章　习惯是把双刃剑

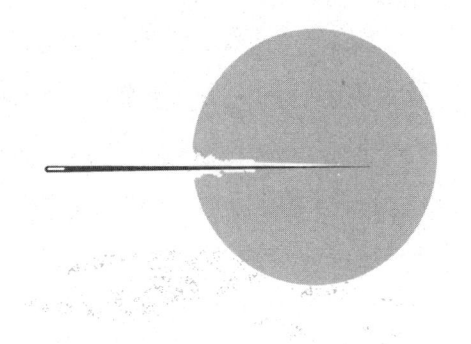

恐惧会限制意志力的发挥，从而阻碍人们获得成功。恐惧是心态的一种，这种心态在生理方面会有所体现，并影响人们的情绪和性格。这种心态会转化为一种习惯，想要克服它就必须确保自己前进的方向是正确的。诚然，习惯无须心智的指导便能减轻人们的心理负担。不过，一旦习惯成为暴君，人心便会被它控制。尽管如此，只要坚持正确的前行方向，一切不良习惯皆是可以克服的；任何习惯都可以养成，也可以改变，可以被新习惯取而代之。人之本性带有一定的强制力，习惯亦复如是。习惯被称为人类的"第二天性"，"习惯的力量比本能还要强大十倍。"威灵顿公爵如是说。

对健康而言，意志力的最大作用就是防止不良习惯的产生，以及改变已有的不良习惯。改变不良习惯，可谓我们一生中最艰巨的任务，要求我们必须将意志力充分地发挥出来。和"改变"相比，"养成"更为重要，不仅要求我们对自身行为进行监督，还要求我们拥有坚持不懈的精神。青少年时期是"养成"的最佳时机，无论是好习惯还是不良习惯。这个阶段也是个性的形成期，身体各种机能的可塑性也很强，这就意味着，在这段时期内，人们可以轻松地将某些行为转化为习惯。

如心理学家所说，某些由本能发起的行为活动，在一段时期内反复出现过后，很容易转变为习惯，而这些习惯所产生的影响，有可能是好的，也有可能是不好的，换句话说，这些习惯有可能是好习惯，也有可能是不良习惯。说到底，人生终究逃不过习惯的掌控，习惯决定了我们的身心是否健康。我们常说随心而为，但实际上，这些随心所欲的行为，在很短时间内便会转变为习惯使然。这是个潜移默化的过程，没有人能洞察得到。然而，习惯一旦固化，就很难再改变了。

如果想要摆脱某个控制力极强的习惯——往往是不良习惯，我们必须经历一个痛苦且漫长的过程，必须要做出自我"牺牲"。在我们的生活中，吸烟的人通常都会记得自己第一次抽烟时的感受——完全谈不上享受；后来，他们不受自我控制般鼓起勇气又尝试了一次；再后来，他们对抽烟的渴望日益剧增，直到抽烟成为一种习惯。如果没有烟，他们就会感到度日如年，没有心思去做其他事；一支烟在手，他们就又活了过来。

还有些人逐渐养成了口嚼烟草的习惯，他们该是付出了多大的"努力"啊！然而，这样的不良习惯，想要根除，势必比戒烟还难。如我们所见，常年口嚼烟草的人，通常都会被各种身体不适所困扰。想要戒除这个习惯，必须依靠极强的意志力。我遇到过一位商人，为了戒除这个口嚼烟草的习惯，他不得不将所有的工作暂时搁置，不仅睡不好觉，吃东西也食而无味，精神状态几近崩溃。由此可见，改变不良习惯有多难。

东方人似乎很爱嚼槟榔。槟榔的味道很刺激，咀嚼的时候会产生灼热感。尝试之初，人们需要忍受这样的刺激，但不久之后，便能从中捕捉到某种愉悦感，于是养成了嚼槟榔的习惯。这种习惯会愈演愈烈，一天不嚼，他们就会被焦虑感侵扰，无心工作。纵然这些人都心知肚明，嚼槟榔会让舌癌的发病率增高十倍，但他们已身不由己了。诚然，喜欢嚼槟榔的人并非一定会患癌，毕竟，在患癌之前，其他疾病随时都会要他们的命。尽管如此，他们中的大多数依然我行我素，丝毫没有戒除这个不良习惯的打算。他们已无力抵抗，或者说放弃了抵抗，只会一边嚼着槟榔，一边祈祷着噩运不会降临到自己身上。

不管是嚼槟榔，还是滥用药物，抑或是酗酒，诸如此类的不良习惯必然会缩短生命的时长。最初，迷信药物的人和酗酒者都会十分坚定地认为，这些东西无法侵害己身，但时间终会告诉他们真相的。当他们有朝一日深陷泥潭，才会幡然醒悟，但那个时候，他们的身体已虚弱不堪，免疫力极差，各种疾病都会乘虚而入，同时，他们的道德和精神的堡垒也已岌岌可危。令人遗憾的是，人们并不是不知道这些事，但依然选择了顺从。

尽管习惯很难改变，但只要意志坚定，还是可以做到的，前提是，这些改变不会导致个体精神失常。只要我们给自己找到一个强大的理由，通过不懈的努力，充分发挥自身能量，就能战胜那些顽固的不良习惯。在这个过程中，最关键的一点是，我们必须坚定地对那个"单一的重复性行动"说"不"，对与之相关的所有诱惑说"不"。只要能够持之以恒，不良习惯定会远离我们，各种诱惑也会销声匿迹，到时候，便不用再主动发起战斗了。

总有一天，酗酒者会发现，酗酒是多么愚蠢的行为，害己害人。让他们决心戒酒的，或许是儿女的只言片语，或许是宗教信仰，但无论是什么，他们都不会再让自己的生活和酒精联系在一起。十九世纪初，爱尔兰人开始控制饮酒，这一切都得归功于泰奥巴尔德·马修牧师，他在布道的时候总是劝诫人们，应该远离酒精，清醒地生活。在我的朋友中，有个人长年累月地酗酒，后来在意志力的帮助下，戒掉了酒瘾。当然，他并没有对酗酒这件事进行深入的思考和分析，他只是明白了一点："戒酒"的潜台词其实是"想喝酒"。他的父亲已经离世，之前也有酗酒的习惯，正因如此，他的亲朋好友们都曾告诫过他，酗酒会导致严重后果。然而，事与愿违，"不能喝酒"的心理暗示反而让他渐渐沦陷在了酒精之中。

有一位医生，不知从何时起染上了毒瘾。他一次次地决定痛改前非，却一次次地以失败告终。最后，一件小事激发起他内心的力量，让他痛定思痛，决意戒掉毒瘾。有一天，他四岁的小儿子来到他办公室玩，而那个时候，他正打算要给自己注射吗啡。他一心想着随后的一场重要会议，完全没有注意到儿子已经走进了办公室，就这样，他的行为被他的儿子全看在了眼里。他把针头刺入手臂的血管，慢慢推动着注射器。他的儿子看到父亲一脸满足的模样，便跑过来对他说："爸爸，我也要试试。"这句话令医生深受震动，就此下定决心远离毒品。这件事成为他戒毒的强大动机，因为他深知这样的行为会给孩子造成多么大的恶劣影响。在这种情况下，即便震撼的感觉终会消散，但意志力会支撑他在正确的道路上走下去。

习惯的潜台词是"持续不断"。在许多人看来，习惯和"冲动"一脉相承，都是不好的行为倾向。需要说明的是，"冲动"和习惯也有好坏之分，积极向上的习惯和冲动会帮助我们得偿所愿；卑劣的习惯和冲动带来的则是伤害。一切习惯的基础都是反复性行为，因而在培养某种习惯之前，我们必须要认真审视行为的优劣，判断其影响的好坏。如我们所知，好习惯和不良习惯的转化过程并无二致，不同的是，好习惯的作用是积极的，不良习惯的作用则是消极的。无论是好习惯，还是不良习惯，想要改变都很难，需要我们耗费大量的时间和专注力去调整神经系统中的固有思维，正是那些固有思维，控制着各种习惯。

习惯的养成是潜移默化的，谁都躲不开逃不了。既然如此，我们要如何分辨习惯的优劣呢？简单地说，好习惯是健康的守护者，也是快乐、舒适和美好生活的缔造者；不良习惯则恰恰相反。事实上，不良习惯的养成会受到一些人性因素的阻碍，但这些因素在人的惰性面前实在是太势单力薄了。

当我们发现自己没有办法把手上的事情做好的时候，通常都会产生消极的情绪，而消极情绪又会让人变得偏激和狭隘，这让我们更加难以完成各项工作和任务。如你所见，这是个恶性循环。如果希望用好习惯取代不良习惯，那我们首先必须战胜本能的惰性。我们需要确保最初的冲动是向善的，这样才不会让不良习惯乘虚而入，抢占到控制权。和这些方面有关的疑问，在詹姆斯的话中可以找到答案：

倘若将自身情感置于"蒸发状态"下，那我们终将失去所有的情感；同样的道理，倘若一直无所追求，那我们终将失去奋斗的能力。当我们发现自己无法集中心力的时候，若不及时扭转这样的局面，那么这个局面将成为人生的定局。不管是"专注"，还是"努力"，都是人类精神的体现，尽管没人能说清楚它们的运转机制。它们是否一定是思考的产物，而且并不单纯依靠精神的支持？这个很难说清楚。但有一点是可以肯定的：它们会在一定程度上屈从于习惯——事实上，这便是客观世界的法则之一。

培养良好的品行固然重要，更重要的是，我们还要让它为身体机能服务。这才是习惯养成的核心——保持身心健康。心智活动和惯性行为是习惯养成的前提条件，用卡朋特医生的话来说就是："神经系统将依照身体所受训练的方向和轨迹去发展，这就好比一件衣服或一张纸，不管是被叠起来，还是被展开，最后的状态很有可能会一直被保持下去，衣服和纸张本身是无力做出改变的。"

在习惯养成的过程中，当然也存在些特例，而这些情况往往会让人备感烦恼。这就好比你本想画上一条直线，却在某个地方画弯了，于是前功尽弃。关于这一点，巴恩教授给出了更加准确的阐释：

经过思考而产生的行为，和受本性驱动的行为截然不同。在习惯的养成过程中，这两股势力是相互对立的，其中一方会渐渐受制于另一方。基于此，我们说，意志力不仅重要，而且必要。错误的一小步，意味着偏离正轨的一大步。所以，最好的防御措施便是：平衡双方势力，不让任何一方肆意妄为，直到培养起正确的习惯。

如我们所见，越难做到的事，越能锻炼我们的意志力，纵然代价会很大，但最终还是能够做到的。通过长期反复的训练，某些行为习惯可以战胜本性的驱动力，获得肌肉的控制权，并让之后的行为动作变得简单轻松。

客观看待人之本性，力求解决之良策，先行者们已经做到了这一点，并早已得出结论：于人类而言，磨炼意志是绝不可少的。实际上，早在中世纪，这一点就已被纳入教育体系，成为修道院等机构的教育理念之一。当时的人们认为，对某些行为进行统一训练，以求培养起良好的品行，是十分重要的事情，甚至比学习知识更重要。在他们眼中，意志力就是人类智慧不可逾越的巅峰，如果不加强训练，便是教育的失败。只有通过长期且艰苦的训练，人们才能走上成功之路，才能看到自身的潜力并充分地发挥出来。时至今日，仍有人对此持怀疑态度，在他们看来，这个教育理念已经落后于时代，并会导致心理畸形——为了达到目的,强迫自身完成难以承受之事。然而,在我看来,正是这样的坚持,最终才会让我们的意志力越来越强大。现代教育对意志力的关注度很低,这显然是不正确的,直接导致当下的人们忽视了意志力训练的重要性。

由此可见,青少年时期的习惯养成十分重要,良好的习惯不仅能让身体更加健康,还能帮助人们感知快乐,远离苦痛。好习惯是美好生活的守护者,在拥有了它们之后,生活会变得简单轻松许多,尽管在培养这些好习惯的阶段,我们需要承受些许压力,并付出一定的代价。不过值得庆幸的是,在历经磨砺之后,身体机能最终会适应行为的需求,这样一来,行为就能转变为习惯了。

就教育而言,理应重视意志力训练,而非单纯地学习知识。然而,"学习知识"已经在当下的教育制度中占据了绝对的主导地位。我们必须意识到,在信息爆炸的时代,人类自身的能力却被削弱了,要知道,再多的知识也无法取代人的意志力。

任职于普林斯顿大学的康克林教授在《遗传和环境》一文中强调:"于人类而言,意志是最高级的身体机能,也是最强大的心智活动。意志能唤醒内在的潜力,帮助人们去完成不可能完成的任务。"最近康克林教授还提出了这样的观点:"如今的教育体系存在着一个极大的弊端——竭尽所能地训练记忆能力和促进智力发展，却对意志力训练视而不见。最终结果是，多数学生的意志力都被抑制了，得不到锻炼和发挥。"

意志力训练和中世纪的禁欲主义完全是两码事，并不会导致人类文明的倒退。一说到中世纪的教育理念，很多人都会摇头，觉得它完全跟不上时代。实际上，中世纪的教育理念将意志力训练放在了首位，这对社会进步起到了重要的作用。赫胥黎教授是第一个真正认识到这一要点的教育家。他在《文科教育，以及如何实现文科教育》一文中总结了数十年的教育经验，并对"教育的目的"进行了阐释，观点新颖，见解独到。他认为，意志力训练至关重要。就文科教育而言，不应仅限于心智层面的训练，还要结合意志层面的训练。他提出，文科教育"不但要让孩子们懂得如何在尊重自然法则的前提下做事，更要让他们明白如何才能找寻到自然的宝藏，并亲手摘下累累硕果"。

赫胥黎教授还写道："在我看来，研习文科的学子们，理应在大学里好好地打磨自己，努力让身体听命于意志，像机器般宠辱不惊，以愉悦之心面对各项工作。心智便是这台机器的发动机，沉着冷静，逻辑性强，它确保了行为的有序性。好比万能的蒸汽发动机，能帮助我们生产服装，也能帮助我们出海远航。那些尊重自然、了解自然的人,那些充满生命力的人,尚不足以获得'完美'的称号,他们还需要练就强大的意志力,并让意志成为行为的统帅。只有这样的人,才有机会见识到真正的美好,体验到大自然的魔力,摒弃心中一切恶意,尊重自我,也尊重他人。"

这便是文科教育的精髓所在,人类需要和自然和谐共生。

我们需要好习惯和正能量的加持,激发并释放出自身的潜能,以保持身心健康。在下一章里,我们将进一步探究各种行为细节和行为习惯对健康的影响。在此,需要再次强调的是,青少年时期的习惯养成至关重要,直接关系到人们日后的身体状态和行事能力。

第四章 同情是一味毒药

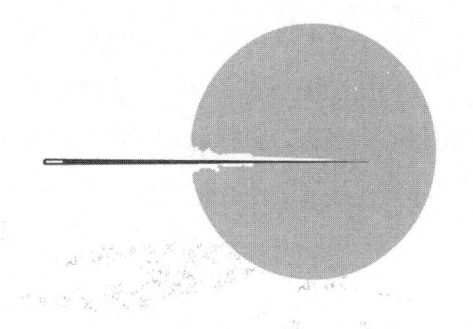

一名杰出的法国医生将两件南辕北辙的事情放在了一起,并进行了论述。很多人认为,他的话前后矛盾。他是这么说的:"休息是危险系数最高的治疗方式,在治病时,切不可轻易应用,必须在医生的指导下进行,只有这样,休息才能帮助患者好起来。""同情是毒性最强的止痛药,它所带来的安宁是极为短暂的,但它带来的痛苦却会绵延不绝。"

第一段话并不难理解,至于第二段话,要正确理解就不太容易了,它涉及意志力和生命的关系。错误的同情心是意志力的敌人,它会削弱意志的力量,让人无法保持蓬勃的生命力,无法秉持应有的道德感,无法维持身心的健康发展。同情之心不可逾越道德的边界,如同药物一样,不可滥用。这就意味着,人们需要对眼前的行事进行谨慎的判断和分析。

同情之心,意味着遗憾的存在,更意味着人们很难从容面对眼前的考验，在这种情况下，它所带来的伤害恐怕会多于安慰。出于本能，常人一般都会很排斥这种情感，谁都不想被人施舍。人们本能地认为，一旦被人同情，就说明自己屈于人下。原因很简单，同情会激发人们心中的自卑感。这一点十分重要，直接影响着意志力的发挥。需要特别说明的是，同情本是善意，但若放错了地方，就会成为阻力，既不利于维护道德观，也不利于发挥意志力，不仅会让身体受到伤害，还会让精神受到重创。

在很早之前，人类就已经洞察到了这个问题，并培养起一些生活习惯，以避免怜悯心泛滥。当有小孩摔倒在地，或许还受了点小伤的时候，我们能自然地克制住怜悯之心，因为我们明白，这个时候不该感情用事。如果孩子的伤并不严重，我们理应激励他们自己爬起来，并简单地进行事故分析，让他们忽略身体的伤痛。在这种时刻，大人们收起了怜悯，孩子们便会收起眼泪。他们能很快地走出消极情绪，不但不会觉得沮丧，还会真切地体会到，在人生的道路上，挫折和失败在所难免。然而，很多父母都难以做到这一点，尤其是在独生子女家庭中，父母会把孩子捧在手心，倘若孩子遭遇了挫败，他们便会施予过多的同情心，以至于孩子变得越来越脆弱，常常沉溺于消极情绪中不可自拔。正确的做法是，帮助孩子将注意力放到其他地方，比如建议他们尝试一些能力范围内的事，而不是任由孩子因为一点小小的错误流眼泪。

年轻的士兵们通常都深有感触：人们都期望能获得他人的同情，可同情心不仅办不了实事，还会引发更多的痛苦与伤害。士兵们通常都极具男子汉气概，这是因为他们在军事训练中学会了自控，并因此而收获了独立的人格。军队中的生活是异常艰辛的，他们无暇顾及那些琐事。他们的母亲大多都会焦虑，担心孩子在军事训练中吃尽苦头；实际上，她们是在杞人忧天。作为母亲，自然是希望孩子能拥有舒适的生活，而不是天不亮就起床，从早到晚地训练，吃着简单的餐食，最后疲惫不堪地躺在硬板床上。在她们看来，孩子们根本无法承受这样残酷的生活。然而，在一段时间之后，她们会发现，孩子们在逆境中成长了，收获了很多。

我认识一名叫杰克的年轻人，他所服役的部队驻守在墨西哥的边境。当时，他母亲忧心忡忡地告诉我，她知道军事训练有多残酷，她很担心杰克熬不过去。据她说，在此之前，每当夏季到来，杰克就会进山避暑，或者去海边消夏，一待就是一个多月。墨西哥边境的夏天，可比美国的夏天热多了，那样的环境杰克从未接触过。另外，这位母亲还很担心杰克在军队中吃不好。毕竟，

第四章 同情是一味毒药

他是家中独子，五个姐姐的照顾再加上母亲的宠溺，让他从小就过着精细的生活。他不仅挑食，还吃得很少，因而体重始终不达标。在母亲看来，杰克恐怕很难适应军队的餐食。不过，我倒认为，既然杰克需要增重，那就得改变原来的生活方式。在家里的时候，他早上只吃极少的食物，即便母亲亲力亲为地为他准备早餐，也无法改变他的饮食习惯。他不吃土豆，不吃果酱，不喝咖啡，很多东西都被他拒之千里之外，所以，他的体重比服役标准低了十公斤之多。

尽管这些担忧并非毫无道理，不过这位母亲实在是多虑了。在军队里，早餐是自助的，他可以选择吃，也可以选择不吃。厨师们不会像母亲一样，绞尽脑汁地烹饪出各种美食来取悦杰克；其他人也不会为他送上无微不至的关怀。据我所知，军队中的餐食纵然算不上精致，但也足够丰富。没有人会在意他的抱怨，更没有人会去了解他的喜好。不过，和其他任何地方比起来，在军队中进餐必定是件大快朵颐的事情，毕竟，在饥饿难耐之时，再普通的食物都美味至极。

很多年轻士兵都和杰克一样，尽管服役前的生活十分舒适，但在进入新环境后，他们都能很快地适应。在家的时候，挑食导致杰克的体重一直不达标；而在服役期间，长时间的体能训练让他食欲大增，体重迅速达到了标准。酷热的天气和恶劣的环境促使他加快了成长的步伐。这个夏天，带给他人生中无与伦比的美好。若在以前，他的母亲一定不会相信，这些"糟糕"的事情竟能帮助杰克成长。

荷马在《伊利亚特》中塑造过一个被娇惯的年轻人。在他身上，我们看不到丝毫男子汉气概，原因是他有六个姐姐。我的朋友曾打趣说，他是家里的"七妹"。杰克的处境和书中的人物一模一样。换季的时候，姐姐们会关心他有没有适时地增减衣衫；天冷的时候，会问他有没有带上护腕；下雨的时候，会叮嘱他穿上雨靴，带上雨伞。姐姐们的关心和爱护，无时无刻不围绕在杰克身边。进入军队后，他不再被同情心包围，终于有机会自己成长起来了。

正确的同情心总是积极向上的，可以帮助人们收获成功；而错误的同情心总是潜藏着消极情绪和挫败感。要将这两种同情心划分清楚并不容易，它们的界限是很模糊的，一不小心就会越界。正因如此，对成长中的年轻人来说，培养起独立面对挫折的能力尤为重要，应该靠自身能力让自己好好生活下去。意志力在磨砺中日益强大，在它的支持下，我们不再畏惧风雨，不再躲避考验，不再因为失败而痛苦不堪。然而，在现实生活中，被同情心"误伤"的年轻人并不鲜见，这实在很令人惋

第四章 同情是一味毒药

惜。人们太需要拥有一颗平常心了，人生之路坎坎坷坷，不要一味祈求他人同情，也不要滥用同情之心。

有一类神经症患者会极度渴望得到他人的同情和关爱。医务工作者们从战争中获取了宝贵的经验，我们在《意志和战争心理》这本书中可以窥知一二。很多战士在战后出现了功能性神经障碍的症状，譬如我们熟知的"炮弹症候群"。这种功能性神经障碍症也被称为"歇斯底里症"。战后之初，人们对这些战士的遭遇深表同情，医务工作者们也会对这些患者给予莫大的同情和鼓励，许多患者自身也表示，相信病情会逐渐好转。然而时间证明，同情心并没能帮助到这些患者。不断地施予同情，意味着不断地强化不幸，不断地施加消极暗示，在这种情况下，病情只会越来越糟。如今，医生们已经改变了治疗方式，他们不再反复触及患者内心的伤痛，而是选择以正向的、肯定的、积极的态度与之沟通——他们要让患者明白，自己在身体机能和神经功能上都是正常的。只有调整好自身心态，才能将痛苦驱逐出境。

对于这类患者来说，如果只是一味地渴望同情和关怀，是无法恢复健康的。独处和严苛的训练，都是治疗的必要手段。独处可以阻断他们渴望同情的心路，同时，书籍、创作，甚至烟草，都将成为他们新的伙伴，并给予他们适度的慰藉。

针对病情极为严重的患者，医生们或许还会采用电疗的方式，尽管治疗的过程会异常痛苦。有些患者一直认为自己的手臂已经无法动弹了，然而在电疗过程中，他们却抬起了手臂。事实证明，他们的身体机能毫无问题，问题在于他们没有发挥出足够的意志力。

在患有"炮弹症候群"的战士中，有的人会表现出"失聪"或"失语"的症状，然而，当电极被贴在耳朵或咽喉上时，只需一丝微小的电流，就会让他们感到刺痛。这说明，他们并不是正在"失聪"或"失语"。只要能走出战争的阴影，患者的听说能力就会恢复。为了避免病情出现反复，正向的心理暗示必不可少。无疑，如果病情反复无常，治疗便会难上加难，到最后再强的电流也无法激发起身体的反应。

总之，阻断患者"渴望同情"的想法，是不错的治疗方式。我们施予的同情越多，患者遭受的伤害就会越大。如今，这个观点已得到医学界的广泛认同。不过，在我看来，我们还需要从其他诸多方面入手，来验证这个观点，以更有力地证明意志力不可忽视。通常情况下，我们认为人格的魅力主要在于：在挫折面前永不言败，不求他人同情，不让自己麻痹，等等。无论你接不接受，这些都是前人的经验、后人的智慧。

同情心具有极大的影响力，有时候会让人心理失衡，

第四章　同情是一味毒药

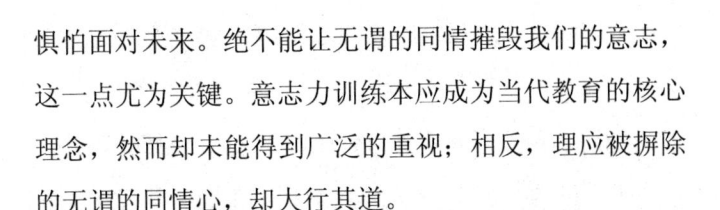

惧怕面对未来。绝不能让无谓的同情摧毁我们的意志，这一点尤为关键。意志力训练本应成为当代教育的核心理念，然而却未能得到广泛的重视；相反，理应被摒除的无谓的同情心，却大行其道。

神经紧张的人应该克制自己对同情的渴望，不管病因是来自遗传，还是来自外界压力。对同情的渴望，会日久成瘾。记得之前有人曾问乔治·爱里奥"何为责任"，他回答说，责任是拒绝鸦片的麻痹，选择挑战困难。

能不能直面人生，拒绝无谓的同情，在一定程度上决定了我们的生活能不能正向发展。我们常听人说，其实每个人的心里都潜藏着孤独。人生在世，生老病死，皆需我们独自面对，旁人都爱莫能助。用艾默生的话来说，人类如此渺小，无法独存于世，然而每当我们安静下来，总能感受到孤独的存在。倘若人们能够懂得如何直面人生，便不会渴望得到他人的同情，而会凭借自身之力，勇敢地走在人生的道路上。

病痛会在强大的意志力面前俯首称臣，也会在意志力薄弱时占山为王。那些无法控制自身恐惧心理的人，即便身体无恙，也会杞人忧天，而一旦患病，就更加惶惶不可终日，彻底陷入痛苦的包围圈。在病痛面前，我们需要保持清醒的头脑，要知道，最终战胜疾病的是我们自己，而不是他人的同情。渴望得到他人的同情，这样的心态会让人变得自怨自艾、自我怜悯，而这无异于是雪上加霜，最后导致免疫力下降，精神变得萎靡不振。

　　对于人格来说，苦难具有两面性，既可能塑造人格，也可能毁灭人格。倘若一个人拥有"化悲痛为力量"的能力，那么苦难便是一座宝藏；相反，如果一个人只懂得向别人索取关心与帮助，那么苦难便是一把利剑。人格的力量是难以估计的。越患得患失的人，越容易被病魔盯上，所遭受的痛苦也会越多。无论如何，切莫让无谓的同情毁了你的人生。

第五章　自我怜悯的陷阱

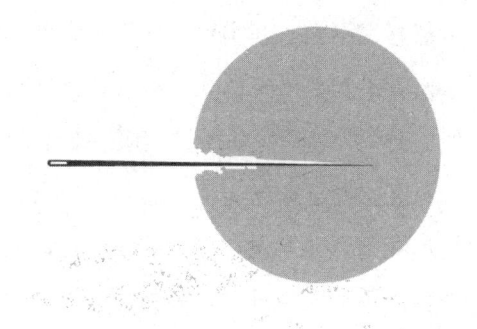

自我怜悯，是意志力的天敌。自我怜悯之人总是认为自身遭遇了不幸——有可能是真实的不幸，也有可能是假想的不幸——因此，他人理应同情自己。这类人通常都意识不到，其实他们比很多人都幸福，换句话说，他们看不到更不幸的人，只看得到比自己更幸运的人。他们会认为自己身体不够健康，或者生活环境不够优越，无论真实情况如何，他们总是自怨自艾。自我怜悯之人很难做到直面人生，最为关键的是，他们不知道如何合理解决各种人生难题。另外，这类人的抵抗能力通常都会很低。

当今时代，社会生活给人类制造了越来越多的难题，而这些难题成了"自我怜悯"的温床。无论是谁，多多少少都会在内心同情自己，更重要的是，人们并不觉得这样是不对的，因为他们认为，既然自身遭遇了不幸，遇到了困难，承受着痛苦，那么所有的同情就都是合理的。这种想法,在"准成功人士"身上尤为明显。如今,人们对"痛苦"一词越来越敏感。杂志已经鲜少刊发悲剧故事,因为读者更喜欢圆满的结局。作家们会把主角设定为命运多舛之人,一切苦难都是在为最后一刻的欢喜做准备。人们被灌输了这样的观点:挫败只在当下,苦难终将过去,幸福总会到来。

然而,故事虽来源于生活,但绝不等于生活。童话般的人生属于极少数人,对于绝大多数人而言,人生注定要和眼泪如影随形。甚至,有的人一生都无法逃离困境,到死也得不到解脱。谁都不可能与悲痛绝缘,毕竟,生命的尽头万事皆空,唯有死亡在等着我们,人生本就是一出最不幸的悲剧。古希腊人拥有卓越的艺术鉴赏力和创造力,在追求人生之"美"的同时,他们仍念念不忘人生的"悲"。在他们看来,"悲"是为了突显"美"而存在的,它能让"快乐"变得"更快乐",让人类学会珍惜当下所拥有的一切。这个观点我不敢苟同,如果以苦难作为标准,去衡量生活的幸福度,那么生命的意义和价值又在哪里呢?

亚里士多德说过,悲苦之事皆具有净化之力,无论是伤痛,还是死亡,都能让人找到真正的自由,让生命挣脱物质的束缚。换句话说,苦难能帮助我们远离自私,远离狭隘,并透过他人的遭遇,做好心理准备,以应对日后随时可能出现的不幸。在现实生活中，因为苦难的存在，我们得以从繁杂琐事中抽身而出，走入宽广的新世界，并充分地发挥自我潜能。

或许是出于本能，人们能记得的事情总是美好的，而"苦难"这个词，通常都会被关在记忆的大门之外。可是，若苦难被遗忘，人就会变得自私。法国人有一个习惯，为了强调自己的某个观点，他们会在说话的同时加上耸肩的动作。比方说，得知有人离世，有的人会说"无所谓，死的是别人"，同时耸一耸肩。同样的道理，人们通常都不愿面对"死亡"这个事实，但人生的终点只有一个，不管我们是渐渐老去，还是患上不治之症。在走到终点之前，很多人都在抱怨中度过了一生，他们总是认为自己很不幸，而这种自我怜悯的心态只会让他们的意志力越来越弱。

宣扬物质生活和人生享乐的读物，并不适合经常阅读。那些思想会逐渐腐蚀人心，让人无法接受一丝一毫的挫败，甚至因为一些琐事而不得安眠。很多人没有真正领悟书中描写的人生真谛，而是把苦难当成了生活的参考值。对于年轻人来说，通常都心怀鸿鹄之志，如果经常阅读一些人物传记，将有助于青少年的成长。英雄不畏艰辛，终获成功，这样的事迹将成为青少年前行的动力。

第五章 自我怜悯的陷阱

一部分美国心理学家早在战前就发现,传统的自律训练意义非凡,同时阅读先贤的生平传记对人的帮助也很大。但当代的大多数人都认为,传统的生活哲学已失去了实践的价值,从前的人拥有极高的牺牲精神,敢于去非洲、亚洲,甚至极地去探索未知世界,而现代人似乎很难再做到。

由此看来,战争书籍对当代人的启示是极为珍贵的。它们把最沉重的人生之痛(这种痛往往和我们的至亲有关)摆在人们面前,引人深思,同时还让人们了解到,人性中的各种潜能是打败人生挫折的重要工具。凡是读过这类书的人,心灵皆会受到巨大冲击,从而意识到生活之琐事统统不值一提。比利时人民因战事而痛苦不堪,波兰、塞尔维亚和亚美尼亚的民众遭遇了恐怖的侵袭,然而这些地方的人最终还是坚持了下来,熬过了这一关。相反,和平度日的人却无力处理好身边琐事,这是为什么呢?

比起生长在当代小家庭中的孩童,那些生长在旧时大家庭里的孩童更能体味人生疾苦。在过去,孩子总能深切地感受到父母的养育之恩,见识到生活的各种不易。从前的家庭,人员基数庞大,夭折这种事情时有发生,很多青少年早早地便意识到了死亡的存在,并为失去兄弟姐妹而悲痛不已。在当下,有种观点是:过早接触这类太过深沉的经历，会让孩子对生活失去童真之心。这么想的人应该和有过这种经历的人交流一下。无疑，这类不幸的经历会在一定程度上让人变得悲观，但大多数有此经历的人都会认为，这些经历对自己的帮助也是极大的。人生在世，还有什么比苦痛和逆境更能激励人心，更能体现人生的意义？不管悲剧发生在何人身上，莫不如是。

身为医生的我，时常在想：当我们为一点点挫败而怨天尤人，为一点点病痛而悲观厌世，为生活琐事而烦恼不堪，为社交不畅而沮丧失意的时候，应该走进医院和身患绝症之人聊聊天。很多绝症患者，还有很多遭遇巨大不幸的人，反倒是乐天派，无论身处何种困境，他们总是抱有一颗追寻快乐的心。在此不得不提的是，在当今美国，每年死于绝症的人多达十几万。

另外，我还看到：在家庭中，患有慢性疾病的人，尤其是女性，譬如母亲和大姐，一般都很容易成为家庭的主心骨。她们扮演着倾听者和解惑者的角色，帮助其他家庭成员排忧解难。这种现象并不鲜见，甚至已演变为一种生活方式。患有慢性疾病的人拥有很强的感知快乐的能力，相比之下，那些生活得顺风顺水、偶尔"摔跤"的人反而更爱发牢骚，并且缺乏同情心，很难成为合格的倾听者。在美国，有一位身患重疾卧床不起的女士，三十年来一直为人答疑解忧,她的一言一行都是美好的典范。

如果我们能摒除一切消极情绪,用同情实实在在地救人于水火,那将是多么伟大的善举啊!可是,同情总是很难逾越不幸的阴影,总是很难给出正向的引导,不但不能慰藉心灵,还会在人们的伤口上撒盐。

为了琐事自怜自艾,是不可理喻的行为;若非损失惨重,这样的行为实在是不可取。有人说,眼泪如同一场正义的暴风雨,能拨开心中阴霾,让阳光照进来。然而,暴风雨终归是暴风雨,对心灵的伤害在所难免。眼泪意味着软弱,意味着我们的意志力不够强大,无法抵抗人生的汹涌波涛。

在威廉·詹姆斯教授看来,不管是男人还是女人,都具有抵御外界侵扰的能力,都拥有直面困境、走出困境的勇气,并能通过坚持不懈的努力,让自身的承受能力越来越强。这个观点由来已久,反映了人之本性。基督教初建之时,禁欲主义者们便主张以自苦来增强自身的承受能力。

在中世纪初叶,不管是神职人员还是隐士,都是以自苦来验证自我价值的。他们之所以要这么做,一部分原因是他们相信"轮回转世"之说,但更重要的原因是,他们以禁欲思想为信仰。"禁欲"这个词最初出现在古希腊语中,意为"训练"。这些人对自身意志力进行着训练，以便让自己在挫败和考验面前更加从容。若有一天，祸降其身，他们便能如圣保罗一般镇定地说上一句："不过是肉体的消亡而已。"在他们看来，新的人生即将开始。

心理学家们通常都很认同詹姆斯教授的观点，即：当欲望被禁锢之时，人的精神力量才能得到真实的体现。想要克制自我怜悯的情绪，最好的途径便是：以某种"痛苦"的方式来训练自身的承受能力。在历史上，人们常用的训练方法是鞭挞自己的身体，或是以铁链自缚。无疑，这些行为很是谬妄，但不可否认的是，它们所反映出来的精神思想却是颠扑不破的。

人生的道路上满布荆棘，若是绕道而行，我们将始终弱小可欺。当今时代，人们总爱夸大自身的不幸遭遇，可实际上，我们理应将悲伤化小才对。当然，这绝不是说人人都该变作铁石心肠，自私自利，忽略他人的感受。

大多时候，哭泣都是无用功。对常人而言，生活带给我们的快乐绝不会比悲伤少，别忘了，在过往的岁月中，我们都曾喜极而泣过。眼泪是上天赐予我们最珍贵的礼物，那是人性中最真切的关爱之心。因为快乐，所以流泪，是多么令人欣慰和满足的真心真情啊！当战士的母亲听人说起孩子的英勇无敌时，当她看见孩子胸前那一枚枚荣誉勋章时，她一定会热泪盈眶，满怀欣喜，骄傲无比。

第六章　无意胜有意

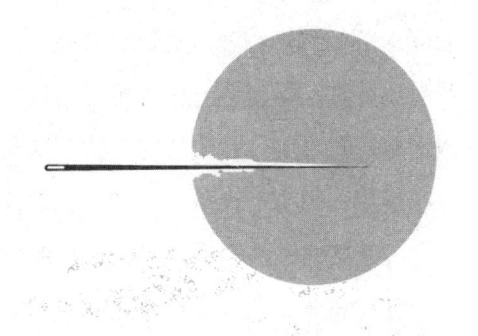

奥斯丁·奥马里在《思想之基石》一书中写道:"如果你察觉到了'胃部'和'意志力'的存在,那么,你定已身患疾病。"科技和医学的飞速发展让人们越来越清醒地意识到,心理对身体具有强大的作用力。然而,鲜有人能真正懂得奥马里这番话的内在含义。人们寄希望于自身意志力,希望能在它的帮助下收获成功,维系身心健康,但有一点是不可忽视的,那便是:倘若不能调动起某些关键性力量,那么人们终将劳而无功。

正确的做法是,在行动之初就有意识地运用自身意志力,而不是等到行动已经过半才开始运用它。原因在于,在任何行动的过程中,如果我们总能洞察意志的存在,那便意味着,我们过度消耗了自身能量,对解决难题施加了反作用力。换句话说,当我们一边工作一边担心事务完成的进度和程度,抑或犹豫该做什么不该做什么的时候,其实我们的能量正在被无谓消耗,因为我们已经分心了,专注力受到了影响,工作自然会变得更加不顺利。

有人说,老式水壶里的水是永远都烧不开的。当然,他们其实是想说,用老式水壶烧水太过耗时,会让人烦躁不安,觉得这壶水永远都烧不开似的。同样的道理,我们在"监视"自身行为的同时总想着提高效率。举个例子,你让某人在两分钟后提醒你一些事,如果不依靠钟表等工具,或者脉搏等周期性事物做参考,他通常会将提醒时间提前三四十秒。这是因为,人们总是以为时间会比自己想象的走得慢,于是有意识地在脑海中加快了步伐。然而,这样做会耗费我们的心力,让我们很快陷入疲惫,从而不得不延长行为活动的时间。

莎士比亚大概是最关注意志力的作家了,他很清楚意志力的价值所在。莎士比亚在众多作品中反复强调着意志力的重要性,在他看来,人们的某些行为会影响意志力的发挥,"人之欲念无穷无尽,满足了一个,另一个便接踵而至。"另外,在莎士比亚的作品中,我们还看到了人性的麻木、中庸、骄纵……这足以证明,他早已领悟到,对自我的过度关注,势必会影响意志力的发挥。

如果始终能意识到意志力的存在,并不是个好现象,这不但不利于身心健康,也不利于各种任务的完成。人们应该加强对自身的训练，让困难的事逐渐变成容易的事。

军事训练便是出于此种目的。在美国，人们希望年轻的士兵在恪尽职守的同时，还能胜任更重要的任务。所谓军事化并不是要将所谓的使命感强行灌输到他们的脑海中，也不是要把重重困难提前摆在他们面前，那样做只会摧残他们的意志，令他们痛苦不堪。真正的训练是艰苦的、有序的，日复一日的反复练习，直至某些行为成为下意识的身体反应，从今往后不再占用他们的身体能量。在艰苦卓绝的历练之后，身体的各种潜能便能得到充分发挥，并时刻准备着为我所用。于是，在面对困境时，他们变得果断、勇敢、毫无顾忌，没有什么事情会令他们殚精竭虑，也没有什么事情可以消耗他们的意志力。纵然有些事会超出他们的能力范围，但那也是暂时的，他们总能很快调整好自己的状态。

前线作战，生死攸关，战士们必须迅速地激发并发挥自身的意志力；如若还要花时间去思量任务的紧急性和必要性，那便有悖军人的职责。身为军人，必须随时随地无条件服从命令，而这种责任感需要经过反复训练才能获得。

我们需要知道，行为是心智活动的产物，但同时我们也要明白，这不是一个永恒不变的铁律。正如前文所述，倘若我们随时都能洞察自身意志力的存在，那就说明意志力遇到了障碍。不管在什么时候,对意志力的过度关注都会影响其发挥,并造成能量消耗。

不管怎样,意志的作用都是巨大的。在当代心理学中,无论是潜意识,还是无意识,皆是意志运转的产物,尽管我们尚不知晓意志如何"生产"出了这些结果,又是如何驱动某些行为的。有的人将意志的运转归因于潜在的"自我"和"他我",但这种观点尚不够准确。

这就好比,大多数人都觉得,人能从梦中醒来是因为受到了某种神秘力量的驱使,然而实际上,这种力量并不神秘,而且人人皆有,那不过是潜在的"自我"在特定时间提供了叫醒服务。"自我"为何能做到这一点?我们尚未找到科学的解释。尽管如此,我们在生活中常常会遇到类似的事情。比如,我们计划要在两小时后去完成某个工作,于是我们在潜意识中不断地强化着这个计划,这样一来,意志终于决定伸出援手,在两小时后跳出来提醒我们。当然,我们可能会因为太过专注而耽误了原定计划的实施,但在意志层面,我们已经分心了,这意味着我们的专注力迟早会受到影响。

如果我们在给某人打电话时未能及时接通,那很可能会导致这样的后果:我们在几小时之后才想起来应该给他再打一次电话,可是到那个时候,这通电话已经没有意义了。如果之前我们做出了详细的时间规划,那么意志会帮助我们完成计划内的事。我们很难解释这个过程的产生和发展，但我们可以肯定的是意志会在每一个时间节点上跳出来，督促我们一步步地完成工作。我们常常错过电话，但很少错过重要的航班，这是因为"不能错过"这几个字已经和航班信息一起植根于我们心中。航班起飞前，我们自然而然地登上了飞机。这种时候，我们已不需要潜意识的提醒了，毕竟意志已经帮助我们达成了目的。意志就像一位兢兢业业的哨兵，在它的提醒下，我们终于可以抛开一切琐事，专注地完成最重要的事情。如我们所知，意志力并不属于意识范畴，不过，让我们投身重要事务的力量，会以意识的形态表现出来。比方说，当我打算阅读一本书的时候，我并不清楚是什么力量促使我做出以下动作的：取下书，放在腿上，开始浏览。这一系列动作都是下意识行为，而非无意识行为。需要注意的是，"下意识"并不等同于"无意识"。所谓下意识，是人类心智活动的一种特殊形式，包括"无意识"和"潜意识"。这些词的含义很难用一两句话解释清楚，在这里，我们可以用另一个特殊的名词来指代，那便是直觉。

"直觉"这个词诞生不过百余年，其意为：对现实事物的直观感受，并具有即时性。具体来讲，人们在某个瞬间，忽然闪现出对某些未知的，抑或概念模糊的事物的认知,而这些认知一旦被我们确认为事实,那么以前的认知和以后的认知便都不值一提了。近年来还曾出现过这样一个看法:所谓"灵光乍现",其实是由潜在的个性、自我或他我所引发的。实际上,人们对心理学越是了解,就越能证明心理学得到了快速的发展。不过对于大多数人而言,"直觉"这个词仍是个陌生的术语,尽管它早在多年前就已成了心理学家的研究对象。

　　旧时代的诗人偏爱向神灵祈祷,因为他们需要的是灵感,而非沉思;祈祷能为他们带来灵感,一瞬间的灵光乍现,足以抵过冥思十年。灵感总是可遇而不可求,若说它不是意识的产物,那我们便忽视了它的起源——感知,及其力量。爱默生说:"直觉,代表了一切源发于直觉范畴外的知识。"这句话乍看起来前后矛盾,其实它是在表达"直觉"一词拥有诸多衍生的意义,而这些衍生的意义和直觉本身毫无关联。

　　多数人表示,他们对潜意识行为毫无掌控能力,换句话说,他们无力抵抗潜在自我发起的行为,以及就此形成的习惯。如果将"潜意识"这个词替换为"意志"的话,大多数人会很难适应,因为人们会认为这两个词具有完全不同的意义。众所周知,通过意志力训练,人们可以完成许多从前无法胜任的工作。起初,我们需要付出极大的心力,让有意识的训练转变为习惯,渐渐地,那些事情就再也难不倒我们了，而我们也从中收获了快乐和满足，让身心得到健康的发展。在人类进化之初，直立行走极为不易，每迈出一步都困难重重，然而在长期的有意识的训练过程中，人类逐渐掌握了直立行走的技巧，走起路来越来越轻松，也不再需要过多的力量支持，最重要的是，人类对这种行动方式越来越满意。这足以证明，意志力训练能将行动化难为易。

我们理应为自己的健康着想，培养起优良的行为习惯，并从中收获到快乐，找寻到人生的价值。如前文所述，行为皆可转变为习惯，但我们必须要注意的是，切莫将"依赖意志力"变成习惯。这样做是极不可取的。我们一旦开始训练自身的意志力，便不应该将关注点放在意志力之上，而应该让身体努力完成一系列的行为训练。这一点，我们不仅要做到，而且必须做好。正因如此，我们绝不能认为，单凭意志力可以轻松消除一切劳苦和伤痛，更不能认为，单凭意志力就可以轻松战胜一切，赢得胜利。这么想，不代表自信。真正的自信，是有勇气面对眼前的一切，做好当下的工作。

我们在处理一些事情的时候，倘若一直能感受意志力的存在，那么结果恐怕会不容乐观。我们应该做的，是通过意志力发掘出自身潜力，再努力让这些潜力都发挥效用。在此期间，榜样的力量十分重要。很多年轻战

第六章 无意胜有意

士在榜样的引领下，学会了如何进行训练，如何运用潜能，以及如何挑战"不可能"。当他们成为其他人的榜样时，又能给他人带来刺激和激励。他们恪尽职守，从不抱怨，在困难面前勇往直前。在这种时刻，他们的奋斗已成为本能反应，无须过多思考，更不需要他人的同情。这个过程说起来颇有意思。我们一旦开始朝着目标"横冲直撞"，要不了太多时间，那些难题就都会迎刃而解，并让我们心满意足。譬如说，清晨五点起床，每日工作十六个小时，期间只能小憩一番，这样的挑战是多数人都无法完成的，因为大多数人的承受能力都不足以维持如此长时间的工作。不过，倘若我们能坚持下去，便会发现这些事是完全可以做到的，而且无须他人督促。意志力悄然无声地统领着我们身体的各个部分，其能量超乎我们的想象。如果我们总是有意识地监管着意志力，必然会适得其反。当人们挖掘出自身潜力后，意志力理应居于精神支柱的地位，为身体的行为活动提供源源不绝的精神动力，从而让人们能够轻松应对各种难题。由此可见，意志力训练的价值和意义在于：最大限度地发掘和运用人们的潜能。它的初衷绝不是为人生道路制造障碍，更不是抑制潜能的发挥。既然如此，过度思考和过度关注都是没有必要的，实际上，很多事情都应该顺其自然，该做什么就做什么。

詹姆斯教授反复强调说:"我们需要让意志力始终处于活跃状态,但不应时时刻刻地监督它,不应时时刻刻都在为自己找寻各种动机,更不应反复审视最初的冲动,我们应该做的,是训练自身'去做'的能力。"他在这方面的研究具有一定的权威性,在这里我将直接引用一段他的论述,因为这番论述会告诉我们如何有效地进行意志力训练。詹姆斯教授认为:

我们时常听到这样的说法:日复一日的意志力训练,可以保持身心健康。言下之意便是,在一些看似无意义的行为上,人们仍应保持一定的禁欲心理,抑或英雄主义思想。不要问为什么,日复一日地去做一些事。如此一来,有朝一日遇见火烧眉毛的事情,你便不会感到措手不及,因为你早已完成了训练,做好了准备。一定程度上的禁欲心理,如同我们投下的一份保险。岁月静好之时,这份保险毫无效用,更不会带来回报;可是到了紧急关头,这份保险便能及时地为我们止损。同样的道理,专注力和克制力会在千钧一发之际激发起你身体里的潜能,确保你的安危。就算事态严重至极,你也可以临危不乱。这一切,说起来容易做起来难,在实际生活中,很多人都是脆弱不堪的,会在逆境中低下头,在困难面前转过身。

要做到"听命于意志力,又不能过度关注意志力",

其实很难。对于年轻人来说，或许会相对轻松些。不过，单纯的意志力训练会让他们觉得枯燥，然后他们会找出各种理由来拖延训练，直到再也坚持不下去。举个例子来说，我们在进行锻炼的时候，如果目的只是健身，那么要不了多久便会觉得枯燥乏味，除非身边有人督促，要不然我们很难完成锻炼的计划。

　　锻炼这种事，最关键的是从中获取快感，如果过度专注于运动本身，便很难做到持之以恒。对中年人而言，事情就复杂一些了。人到中年，人性会越发固执。他们本以为自己可以坚持每日凉水洗浴，或者坚持每日晨跑，可实际上没几个人能真正做到。少数人尚能坚持一段时间，然而最终会因为某些突发事件而终止，当然，这些突发事件不过是他们的借口罢了。在锻炼的过程中，无论是朋友的陪伴，还是对手的宣战，都能给予我们动力，当然也会消耗我们的意志力。另外，最初的冲动和热情定会逐渐削减，此后程式化的锻炼会让人感到索然无味，于是人们又把注意力放回到了运动上，继而又觉得这种运动毫无意义。由此可见，满足感和快感能够刺激人们将锻炼坚持下去，并保证锻炼的效果。我们常常听到运动员说，一个人训练的时候，身体会越来越冷。这种说法很形象。当人们专注于某件事的时候，体表的血液循环将逐渐减慢，体表温度会随之下降，人便会产生冷飕飕的感觉。

下班之后偶尔走路回家，我们都能做到，但要天天如此，就不那么容易做到了。过不了多久，我们就会觉得走路这件事越来越乏味，然后找出各种理由不那么做，继而让之前的努力都付之东流。无论做什么事情，与人为伴都是极好的方式，这样做可以让我们不再过度专注于自身的意志力。另外，近年来，越来越多的人喜欢上了户外运动，无论是登山还是远足，都是不错的锻炼方式。这类运动的好处在于，人们可以与人竞争，也可以超越自我。竞争状态可以分散我们的注意力，让我们抛却一切琐事和烦忧。在运动的过程中，人们不但不会感到疲累，反而会兴趣盎然；当人们心甘情愿地将时间和精力投入到这些运动时，便意味着他们能够做到持之以恒。所以，锻炼和竞技还是有显著区别的。

来自外部的兴趣点是竞技运动的附加价值，能够引发人们持续参与。对于参与运动的人来说，兴趣具有积极正面的引导力。锻炼本身和竞争无关，所以常常会变得味同嚼蜡。竞技运动恰好相反，常常充满乐趣，很容易激发人们的潜能。年轻人通常都不愿意一个人锻炼身体，而是更愿意参与到竞技运动中，因为竞技运动更让他们感兴趣。尽管在运动之后人们的身体会有些许疲累，但这种"累"绝不是耗尽心力的"累"，所以才会有越

第六章 无意胜有意

来越多的人选择通过竞技运动来增强体质。

综上可见,在生活中,有意识地训练意志力其实并不科学。那样做不但无法让事情变得顺利,反而会增加人们的心理负担,继而在某个时刻让一切前功尽弃。好习惯固然重要,但我们不能为了"养成"而"养成";一切行为的出发点皆在于:让身心更加健康。另外,长远的目标必不可少,它是动力的源泉,它会引领着我们战胜一个个困难。

在美国,服过兵役的年轻人大多都能有所建树,因为他们在军队中接受过无意识的意志力训练。早起晨练、长跑拉练、负重行军,全天候的军事训练几乎占据了他们的全部生活,就连凉水洗浴也是一种意志力训练。营养均衡的日常简餐给他们的身体发展打下了良好的基础。在军队中,绝无特例,人人都吃着相同的餐食,尽管有些粗糙,但在饥饿的人眼中,堪比美味佳肴。不可否认,饥饿是最美味的作料。大多数时候,士兵们的体能会在每日的训练中消耗殆尽,但军官们坚信,他们不但不会受到伤害,反而会受益匪浅,因为军医会对每一个士兵进行全面体检。

如我们所知,大学生在进校后都要参加军训。持续的军训和户外劳作让他们精疲力竭,尤其是到了下午,更是体力不支,往地上一躺就能睡着,走廊里、草地上、树荫下，甚至排水管旁，到处都是呼呼大睡的身影，可见军训已让他们累到了极致。对于大多数大学生而言，此前从未接受过这样严苛的训练，因此他们很难在短时间内适应如此高强度的军事化训练，甚至还有人在训练中晕倒。如果精神高度紧张，人便会突发晕厥，这也是为什么有的大学生会在注射疫苗时晕倒在地。无须多言，他们在家里从未进行过相关训练，因为他们的家人一定会认为，高强度的训练对身体有害无益。不过，事实并非如此。医生会告诉他们，晕倒不是病，对健康无害，只是劳累所致，很快便能得到缓解。参与训练的人，无论是士兵还是大学生，都会觉得中止训练是很丢脸的事情。他们希望自己能成为优秀者，希望自己能坚持下去，希望能实现心中理想。他们不需要任何同情，甚至厌恶一切同情的目光。只需要很短的时间，他们便能适应这种高强度的训练，这足以证明人类的潜力是无限的。他们朝着理想的方向飞奔而去，义无反顾，毫无保留，将自身潜能发挥到极致，并努力让这样的行为转变为习惯。自此之后，他们将乘风破浪，勇往直前。

在传统心理学中，有意识地进行意志力训练需要我们同时调动起意识和意志两种机能，这就意味着，训练的难度势必会有所增加。于是，我们必须找到一个合适的动机，让自己能持续地奋斗下去，与此同时，还要持续弱化意识的存在。人之本性,总会起起伏伏不得安宁,它会扭曲,也会翻转,而无论何种活动,都一定会对意志造成消磨。另一方面,祈祷总能给我们带来内心的平静,能抚慰我们的心灵,甚至可以为我们带来满足感和愉悦感。这是因为,在祈祷的过程中,我们的心灵和意志从不会背道而驰。

新习惯的养成,除了克服困难这个方法之外,别无他法。任何事情都没有捷径可走,任何困难都不会凭空消失,若非如此,人之本性早就会告诉我们如何抄小道绕过所有的障碍了。战士们如果认为军事训练是一纸空谈,或者觉得单靠使命感就能成功的话,他们便会使出浑身解数去逃避训练。然而,他们并没有这么做,因为他们知道,唯有经受住这样的训练,才能得到好身体和真本事。时间会让最初的痛苦烟消云散,当训练成为习惯之后,一切都会变得容易起来。身体的劳累不算什么,重要的是,他们将在训练中收获满足感。

一旦养成某种习惯,我们的行动将变得异常敏捷,身体反应也会十分迅速。不过,偶尔我们也会遇到习惯性行为与心智活动相悖的情况。有这样一个故事,一位老兵去食堂吃饭,忽然听到有人喊"立正",他下意识地做出了立正的动作,同时碗也落到了地上。在我们的日常生活中,类似的事情数不胜数。

若要最大限度地利用好意志力,只靠决心是没有用的,我们还需要进行反复的训练,同时还要尽量克制意识的活动,直到把行动转变为习惯。在这件事情上,理智的作用有限,但意志力的影响却不容小觑。需要强调的是,意志力的效用需要以行动作为载体,而行动过程一定是自然发生的;在整个过程中,越意识不到意志力的存在,意志力的效用就会越好。

第七章　最好的止疼药

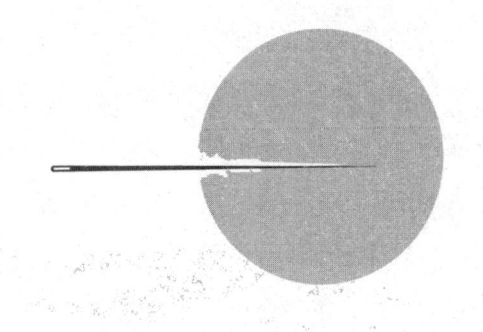

意志的力量

自始至终，我们必须清醒地认识到，在对抗疾病，通俗地说是缓解病症的时候，意志力的作用很重要。当然，在医学上，任何疾病都伴随着某种身体不适，而就我们的身体机能而言，意志力是无法让疾病消失的。也就是说，意志力不能让肾病痊愈，也无法让断臂重生。实际上，如果我们的某个身体器官出现了病变，那么相关的细胞组织便会开始发挥各自的效力，这个时候，意志力只能起到缓解作用。与此同时，补偿性的身体机能也会发挥一定的作用，让病痛得到暂时的缓解。举例来说，如果肾脏出现了机能性变化，那么其他器官也会随之出现一系列功能性变化；我们的意志无力改变这个事实，因为意志力没有办法修复受损的器官机能。

尽管如此，在大多数器质性病变的面前，意志力总能起到积极的作用，不论是缓解症状，还是减轻病痛，甚至有的时候，意志还能激发出身体的潜能，以此支持患者与疾病抗争。我们经常在肺结核患者身上看到这种现象。在肺结核的治疗过程中，患者的心态和求生欲可谓重中之重的因素。如果患者失去了斗志，病情便会越发严重；倘若有意志力保驾护航，病情通常都会有所好转，哪怕某些治疗方式会造成一定的身体伤害。之所以会出现这种情况，主要是因为意志力给予了患者诸多积极的心理暗示，让他们坚信自己能够好起来。对于肺部疾病而言，坏死的细胞注定无法重生，不过意志力却能在一定程度上抑制病情的扩散，给正常的细胞组织带去喘息的机会，从而让正常的身体机能能够一步步地消灭敌人。优质的空气和合理的饮食都对患者大有裨益，再加上意志力的帮助，患者身体上的不适感便会逐渐消失，体质会慢慢增强，从而让肺部功能得到恢复。当然，准确地说，这类疾病是无法根治的，我们能做的只是控制，尽管如此，患者们通常都能活很长一段时间，能完成很多未尽之事。

　　对于肺部疾病而言，要安然度过至关重要的感染期，意志力和自信心都不可或缺。不管是沮丧，还是灰心，通常都意味着一定程度上的放弃，这些消极情绪都会对治疗造成负面的影响。我们还发现，适度饮酒可以驱除消极情绪，这在治疗肺部疾病的时候十分管用。尽管酒精会有些许副作用，但至少能让患者自我感觉好一些，从而让他们不再过度关注疾病的不良后果。好的心态能为治疗带来极大的帮助，因此，酒精才会被医学界接受。同理，感冒发烧本不是大病，但很多人却久久不能痊愈，那是因为患病让他们深感忧虑，而忧虑会进一步转化为焦虑，在这个过程中，那些本应该用来对抗疾病的身体能量，就这样白白浪费了。

身患疾病之时，焦虑感会让人过度关注身体机能，从而对机能运转造成负面影响。比方说，如果患者太过担忧肺部机能的状况，那么肺部机能的运转很可能因此而受到干扰，并出现失常。事实上，身体的各种机能皆会受到消极情绪的影响；不管何时何地，人们对身体机能的刻意督查，都会影响该机能的正常运转。

除了这些过度的自我忧患意识，与生俱来的恐惧感也会给身体机能带来负面影响，这个时候，就需要人们运用意志力来克服内心的恐惧。恐惧来源于心理压制，对免疫系统极为不利。积极的心理暗示是消除恐惧的好办法，它可以调动起人们的某些特殊机能，从而有针对性地发挥自身意志力。

如果我们能充分地发挥意志力，便能缓解疾病所带来的不适。通常情况下，身体不适皆是由于过度关注和过度敏感所致，尤其是对于重症患者和绝症患者而言，如果没有强大的意志力做支撑，病情将无法得到控制。

在服用抗癌药物的初期，患者们通常会觉得病痛得到了缓解，病情也有所好转，于是放松了警惕，意志松散下来，结果病情急转直下，最后只能再次接受严苛的治疗。不排除病情会因为患者们的重整旗鼓而再次得到控制，但我想说的是，那些未能及时就医的患者，或许会因为自我感觉良好而让自己最终无药可救。无论是何种疾病，癌症也好，外伤也罢，抑或是各种慢性疾病，甚至是贫血和脚气之类的小病，治疗的过程皆离不开意志力的帮助。对于患者而言，多一点希望，就少一点病痛。

坚信自己能痊愈的患者，通常都会遵从医嘱合理饮食，多活动，多散步，多呼吸新鲜空气，并积极保证睡眠质量，以便让自己快点好起来。如果患者被悲观的情绪所控制，那么病情必然会出现反复。譬如，一对夫妇同时身染重疾，如果有一人不幸病逝，那另一人的病情很难不受到影响。原因很简单：活着的人感觉自己无力面对未来生活，或者说他失去了活下去的信念。想要克服这种悲观厌世的情绪，就必须找到一个活下去的动机，从而让意志力得到充分的发挥，继而重新点燃生存的希望。

人一旦过了中年，在治疗期间便有可能遭遇身体控制方面的问题，也就是说肌肉对行动的控制能力会减弱，在这个时候，意志力就至关重要了。对于老年人来说，他们通常都不再愿意和病痛斗争了，他们无法像年轻人那般能够经受住一次又一次的身心折磨。究其原因，主要是因为身强力壮的年轻人拥有足够的身体控制能力，尚能通过肌肉活动激发自身潜能，而老年人的肌肉则已经处于萎缩状态。大多数老年人都会出现各种身体不适的情况，逐渐地，身体机能也会出现问题，最后他们只能选择不合理的运动方式。倘若他们能发挥出足够强大的意志力，调动起自身潜能，那么他们便不会深陷困境。一切正能量的事物，都是希望的使者。不管是新的治疗方法，还是新的治疗器，抑或是灵丹妙药，都能给患者带来希望；希望能激发患者的意志力，并让意志力得以发挥作用，从而帮助患者克服病痛，恢复健康。

意志力的效用是令人惊诧的。正因如此，它也成为江湖术士们的摇钱树。那些江湖术士开出的药方不过是"意志力"和"希望"；偶尔地，他们也能成功治愈一些疑难杂症，并通过这些特例赢得不明就里的患者们的追捧。然而，如果我们告诉那些患者，他们可以利用自身的意志力来控制病情，我想结果恐怕不容乐观，因为意志力只有在不经意间才会发挥真正的效用。

意志力可以帮助人们改善营养不良的身体状况。它可以消除人们心中的消极暗示，从而保证营养吸收的顺利进行。营养不良通常都和饥饿有关，但主要原因还是饮食结构不合理，换句话说，人们不应该节食，更不应该挑食。对于营养不良之人而言，合理膳食才是调理身体的好办法，才能帮助身体机能恢复常态。实际上，很多精神疾病的病因都和饥饿有关。离群索居之人通常都十分在意饮食结构的合理化，他们会通过意志力来控制自身食欲；而大多数人都过着"想吃什么就吃什么"的日子，并且习以为常。和饮食习惯一样，很多生活习惯都是在潜移默化中养成的，不过，不管是什么习惯，首要前提只有一个，那便是益于健康。那些病情轻微的患者，通常只会表现出身体虚弱的症状，譬如消化不良、失眠、头疼和便秘等，他们最应该做的是改善饮食结构，摄取足够的营养，而要做到这一点，决然是离不开意志力的。

医学证明，对付疾病最好的办法不是治疗，而是防患于未然。在这方面，意志力是个极为有用的工具。能影响健康的因素有很多，譬如空气、食物和运动，等等。不规律的生活方式，很容易让人被疾病盯上，尤其是器质性疾病。当今社会，很多人都喜欢宅在家中，殊不知，这样做会让新陈代谢的过程减慢，从而影响身体机能的正常运转。因为各种各样的原因，人们越来越不愿参与锻炼和运动了。汽车取代了我们的腿脚，让下肢行动越来越少，最终我们的腿脚变得不再灵敏。如果长期缺乏训练，身体器官定会失常。另外，食欲不振也会影响各种身体机能。五谷杂粮早已被人们抛弃，取而代之的是各种精粮、作料、添加剂和刺激性食物。这些食物，纵然可以满足我们口腹之欲，却也会让消化系统不堪重负。想要拥有一个健康的身体，就必须付出一定的努力：参与运动，多到户外走走，坚持合理的膳食，保持一颗平和之心。

008# 第八章　蔑视痛苦，必有所得

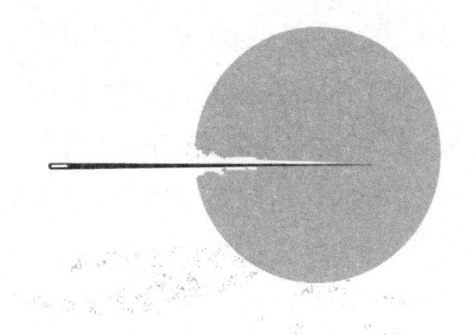

疾病通常会引发各种各样的症状，让人备受折磨。值得庆幸的是，意志力对大部分病症都具有一定的控制力。一颗勇敢的心，足以让病痛不战而退，甚至彻底淡出我们的视线。诚然，这个过程是异常艰辛的，不仅需要人们坚强面对，还需要人们充分地发挥自身的意志力。从古至今，身体发肤之痛往往都抵不过人的斗志。可是，时代的车轮在向前行，但人的心态却越来越故步自封。人们千方百计地规避着一切苦难，并在无处可逃时选择丢盔卸甲。美洲大陆上，被俘的印第安人在备受折磨之后仍能放声大笑，那是因为他们自幼便接受了"隐忍"的训练。不管是指甲被拔掉，还是伤口被撒盐，他们不仅全都能忍受，还能放肆地嘲笑敌人，并为自己的坚强而感到骄傲。他们不会表现出不堪，更不会跪地求饶。这足以说明，人类的意志力能够战胜一切苦痛，无论它有多么深重。意志力能够阻止痛感的传输，如果大脑接

第八章 蔑视痛苦，必有所得

收不到任何信息，自然不会做出及时的反应。

同样的事情，战争也曾告诉过我们。行军打仗，战士们会勇敢地面对一切伤痛，因为除了忍耐，他们别无选择。在很多人看来，殉道者皆是天赋异禀之人，因为他们能忍受常人无法忍受的痛苦。是不是真有天赋异禀这回事，我们不甚清楚，但可以肯定的是，那些献身于正义的人之所以能强忍苦痛，主要是因为他们够勇敢、够坚强，而不是因为他们天赋异禀。他们的勇气，来自于决心和信念。实际上，在意志力的帮助下，他们所感知的痛苦是有限的，所表现出的状态也是可控的。这不仅仅是因为意志力对反射作用施加了压力，更重要的是，感知能力被大大地抑制了。如我们所知，古代的手术是没有麻醉剂可用的，患者能依靠的只有超强的意志力。在这种极端痛苦的情况下，鲜有人能保持镇定，大多数人会因痛苦而失态，但这并不代表他们不够勇敢。

在无麻状态下进行手术，这种情况并不鲜见。患者通常都能熬过去，而且此后的恢复过程也会很快。有这样一个实例：一位生活在西部地区的铁匠遭遇了一场意外事故，他的一条腿被压在了房梁下。后来，腿渐渐失去了知觉，无奈之下，他只好用烧红的刀将压在房梁下的小腿切除了。实难想象，他竟然具有如此惊人的意志力。同时也再次证明，意志力足以战胜一切苦难和伤痛。

身居偏远地区之人在生病时一般都很少求助于医生,因为病情刻不容缓,而医生却远在天边。他们能依靠的,只有自身的意志力,至少,意志力可以帮他们减轻病痛。意志力可以作用于身体机能,而这个过程和精神品质无关。意志是身体的守护者,当痛苦降临时,它会让人们的内心充满力量。

据我所知,战争初期,许多战士都只能在无麻状态下做手术。那是因为,在战争的前六周内,伤员激增,手术超量,麻醉剂供不应求。另外,前线的医院都是临时搭建的,压根就没有麻醉剂。令人惊讶的是,战士们都强忍着剧痛,表现得极为镇定,而且一句怨言也没有。许多战士会在术前默默地抽上一支烟,然后咬紧牙关接受手术,不会发出一丝声响。一些伤势较为严重的战士,会静静地躺在手术台上,告诉自己这点伤不算什么,无须抱怨。战士的表现让医生既感动又愧疚,要知道,手术所带来的痛感可不是一星半点。这一切都得归功于意志力,是它给予了战士们莫大的勇气,可以直面这千般痛、百般苦。

还有个例子可以证明意志力能够战胜一切病痛。战前,耶稣会第二任会长不幸患病,恶性肿瘤导致他不得不截掉一只手臂。当时,会长已年过六旬。因为手术过程将十分痛苦,所以医生建议他使用麻醉剂。然而,会长却拒绝了。医生又告诉他，倘若不使用麻醉剂，这个手术恐怕难以完成，因为在手术过程中，需要患者绝对禁止做出任何轻微举动，哪怕是颤抖和抽搐，而在没有麻醉的情况下，患者是很难忍受住痛苦且保持不动的。更为关键的是，手术时，人体的器官组织会处于极度敏感的状态，同时手臂还会充血，从而大大增加痛苦的程度。尽管如此，会长依然坚持己见，在他看来，自己理应如耶稣一样，去承受一切苦难。这无疑给医生出了个难题。医生担心的是，万一患者无法忍受住痛苦，影响了手术的正常进行，最后很有可能会引起失血过多，或者二次感染，对于患者而言，这可是性命攸关的大事。最终，医生被会长的坚持和镇定打动了，同意了他的要求。不过，几乎所有人都觉得他熬不过这一关。令人震惊的是，在进行手术的时候，会长竟然未吭一声。医生在术后感叹道："如果不是有血流出来，我还以为自己是在切一个蜡像，而不是一个身体。"

在勇敢的背后，我们一定能看到意志力的身影。既然意志力打算把痛苦踩在脚下，那么大脑又有什么理由非让痛苦高高在上？还不如去想想别的什么事呢。

很多人会把这位会长的经历与中世纪的神秘主义思想联系到一起。在中世纪，手术会给人们带来超乎想象的痛苦；同时，我们常在书中窥见，圣人会以自苦的方式磨炼自身意志，以期最后能笑对人生。当然，时代早已抛弃了这样的思想。现如今，各类镇痛药层出不穷，与此同时，人类对痛苦的承受能力也越来越差。我们常常看到，一个二三十岁的男人，不但怕痛，而且痛点很低。哪怕是一点点轻微的痛楚，也会让他们做出剧烈的反应。

此外，转移注意力也能有效缓解病痛，甚至还能让人忘记病痛。这就好比，火灾会让头疼"消失"，小偷会"偷走"牙疼。有这样一个病例：一位法国医生接诊了一位手臂关节脱臼的贵妇人。众所周知，治疗脱臼的过程极其痛苦，而且需要患者积极配合，否则就会导致手臂肌肉痉挛，这对治疗是极为不利的。在进行关节复位之前，医生告诉患者，治疗不会有任何危险，她大可放心，轻松应对即可。然而，医生一碰到她的手臂，她就大声呼喊起来，这时，医生立刻板起了脸，一边痛斥她，一边打了她一耳光，她一下子懵了。还没等她清醒过来，医生已经将她的关节修复好了。这个病例告诉我们，转移注意力也是对付痛苦的好办法。

如果能专注于痛苦之外的事，那么再大的痛苦也能被我们抛诸脑后。这样的情况数不胜数。战斗在前线的战士们，即便身负重伤，也会勇往直前；他们完全没有注意到自己已经负伤，直到有人提起；在看到自己满身是伤之后，他们才会感到痛，甚至晕倒在地。这种事情

第八章 蔑视痛苦，必有所得

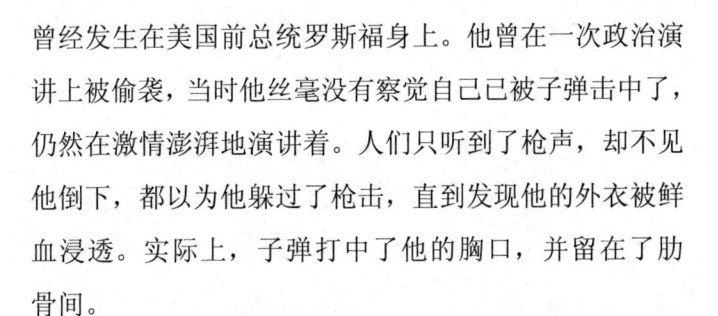

曾经发生在美国前总统罗斯福身上。他曾在一次政治演讲上被偷袭，当时他丝毫没有察觉自己已被子弹击中了，仍然在激情澎湃地演讲着。人们只听到了枪声，却不见他倒下，都以为他躲过了枪击，直到发现他的外衣被鲜血浸透。实际上，子弹打中了他的胸口，并留在了肋骨间。

忽视痛苦能有效降低痛苦的存在感，哪怕是刻骨铭心之痛，也能被抑制，甚至被消除。哈维尔·德·梅斯特在《房间里的旅行》一书中写道，每当他被痛苦侵袭、精神涣散之时，他便会想尽办法去填补精神上的空虚，以此镇压身体之痛。有过伤痛的人都知道，越在意"痛"，就越觉得"痛"。无疑，对伤痛的过分关注和过度思考，只会让痛苦更加放肆，让痛感更加强烈。之所以会出现这样的现象，是因为紧张的情绪会导致血液循环加速，从而让伤痛处的神经变得更加敏感。或许有人会认为，专注力是不受人为控制的，其实事实并非如此，能做到这一点的人并不少。

人类在神经系统方面的探索已经十分深入了，对中枢神经的运转也有了全面的认识。如我们所知，神经系统由无数神经元组成，具有连续性和统一性；神经元相互联系，形成神经网络，负责传输神经冲动。早前，杰出的西班牙神经科学家拉蒙·卡哈尔凭借一组实验荣获了诺贝尔医学奖和巴黎公民奖。他的实验让人们重新认识了自己的大脑。

拉蒙·卡哈尔提出了大脑神经元的"雪崩原理",并对此做出了生动形象的阐释。他解释说,我们所感知到的身体之痛,皆会因为感知本身而被强化,毕竟,感知对大脑的影响是巨大的。通常,来自身体的痛只与大脑中专门控制痛感的神经区域有联系,而这个区域中的神经元只有几千个。然而,这几千个神经元都和神经树突、其他细胞,以及大脑其他区域紧密相连。原本,身体之痛只有几千个神经元知道,可当我们关注到痛的时候,大脑皮层的无数神经元便会陆续收到痛的信息。按照拉蒙·卡哈尔的说法,专注力会让神经元"聚众闹事",按照生物学的说法,这是一个信息传递的过程。

这就如同高山雪崩。山顶的石块松动滚落,一路撞击着并不牢固的冰块,冰块被撞碎,同时还牵连了山体的岩石。石块、岩石和冰雪越滚越多,越滚越快,冲击力也越来越大,最后引发了一场雪崩。雪崩不但会毁坏山体,还会给附近的村落带去灾难。"雪崩原理"能很好地解释感知的信息传递过程:从几千到几亿,当每个神经元都知道痛的存在时,原本可控的痛就变成了不可控的折磨。

显而易见,大部分身体健康的人都有能力将痛感限

第八章 蔑视痛苦，必有所得

制在少数神经元的势力范围内，从而降低疼痛的程度。当然，是否能发挥出这种能力，关键在于人们是否能充分发挥自身的意志力，是否能战胜恐惧感，是否能有效地转移注意力。是的，只有勇敢的人才能做到。无论采用何种形式，只要能阻断痛感在神经网络中的传输，便能有效降低痛的程度。譬如，麻醉剂可以让大脑皮层的神经元变迟钝，从而让痛感消失。显然，意志力具有相同的效用，而这正是它在生理学上的价值和意义。

害怕痛，只会让痛来得更凶猛。这个现象，在生活中随处可见。人体表面的神经和大脑神经有着千丝万缕的联系，所以我们才会用衣物来保护肌肤。一般来说，触觉神经能感知任何粗糙的物体，大多数人不会洞察这个过程，主要是因为大家已习以为常。可是印第安人却不一样。试想一下，当他们第一次穿戴整齐的时候，身上会多么不舒服啊，或许还会有人躺在地上打滚。此后他们能坚持穿戴衣物，是因为他们克制了内心的恐惧，当然，衣物带给他们的不适感并不会就此消失。对于很多人来说，应该很难忘记第一次穿羊毛内衣时身上有多么难受，不过当他们习惯之后，便不会再感到难受了。

很多时候，因为某些传统风俗，我们需要克制自身的某些欲望和情感，渐渐地，我们会越来越难以洞察这些情感的细微变化。对于某些难以抑制的欲望和情感而言，人们很难忽视它们的存在；它们俨然已经成为"我"的组成部分，人们只能尽量通过了解去掌控它们。只要足够专注就不难发现，其实身体的绝大多数部位都拥有很强的感知能力。举个例子来说，如果我们把注意力全放在脚趾上，便会感觉丝袜与脚趾之间的接触和摩擦，这种感觉是平日里很难洞察到的；如果我们把注意力全都放在"坏事"上，便会心生忧虑；如果我们把注意力都放在了身后，便会感觉"身后有一种气场"。通常来说，我们越是专注，感知便会越强烈。

当我们全身心地关注某个身体部位时，那个部位的血管便会开始扩张，从而会带来大量的血液，继而让神经细胞越发敏感起来。我们都有这样的经验：当我们行走在寒风凛冽的户外时，脸上会感觉很疼，犹如刀割，那其实是因为脸部充血所致；同理，在寒冷的环境中，当我们关注手脚时，我们的手脚会"奇迹般"地逐渐暖和起来。尚未觉察痛的存在，就开始担心痛的程度，这样做无益于杞人忧天，只会让痛不请自来。诚然，影响痛感程度的因素还有很多，譬如运动和锻炼。不常运动的人，对痛的感知会十分敏感，承受能力也会很差。

在麻醉剂问世之前，截肢手术所带来的痛苦是难以描述的；然而历史告诉我们，人类的承受能力也是超乎寻常的。曾经有一位将军，一边吸着烟，一边镇定地看着医生将自己的手臂切除。他比主刀医生还要冷静，他的坚强激励着所有战士。没有什么痛苦是熬不过去的，它最怕的就是人的意志力。因为一场战役，一群战士来到一座刚刚遭遇了空袭的小城。他们中的很多人已几近崩溃，魂不守舍。消极的情绪在队伍中蔓延开来，情况十分危急。这时，战士们得到命令，必须躲进一条未被炸毁的巷道，因为那里暂时是安全的。可是，战士们却认为，狭窄的巷道是死路一条，因为一旦进去，就很可能会被敌军围困。战士们更加惶恐了，甚至有些惊慌失措。关键时刻，军队将领让人找来了一把椅子放在巷道口，悠然自得地坐在上面把玩手杖。他时不时地和巷道里的战士们聊上几句，完全不顾不远处的炮火连天。这位将领生得高大魁梧，其实很容易被敌人发现，可他却能淡然置之。在他的影响下，战士们也都逐渐冷静下来，不再自乱阵脚了。

有时候我们会发出这样的感慨：旧时代的人们尽管缺乏知识的武装，却能比当下的人更能承受痛苦的折磨，换句话说，现代人类的承受能力其实是在退化。然而，战争告诉我们，人类的承受能力和知识无关。很多战士都拥有极强的忍耐力，同时，他们的家庭条件都很优越，也都接受过正规教育。他们从小便深知自律的重要性，懂得如何克制不良情感。此外，令我们深感讶异的是，与来自乡村的年轻人相比，来自城市的年轻人更能适应军队的生活，也更能接受战争的考验。在敌人面前，来自城市的年轻人不但更坚韧，而且更冷静，哪怕身负重伤，也毫无埋怨。这是因为，从赶赴沙场的第一天起，他们就知道自己将要面对什么。有时候最坏的打算才是最安全的想法；在他们看来，自己只是受伤，却没有被死神带走，这就是一种幸运。相反，来自乡村的年轻人通常都生活得很艰辛，尽管他们对痛苦的承受能力很强，但是他们却会因此而缺乏自律，难以自控。

　　战争把我们带回了那个艰苦卓绝的奋斗年代，战士们的勇猛表现让我们相信，人们依然能够如先驱者那样不畏风雨，迎难而上。在战士们的身上，我们看到了才华，看到了勇气，看到了强大的忍耐力，看到了不畏艰险的决心。战争给了我们另一种希望，尽管过程惨不忍睹，痛苦不堪；但对人类而言，只有在逆境中才能得见最璀璨的希望之光。

第九章　走出来的健康

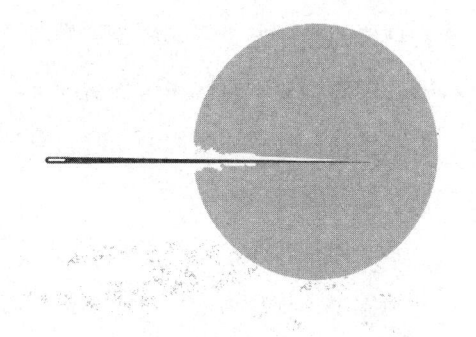

在我们看来，意志力对身体健康来说至关重要，尤其是对于呼吸系统和运动能力而言。无疑，人们的生活水平的确是越来越高了，但与此同时，人们也越来越不重视健康的生活方式了。如今的生活节奏如此之快，保持身心健康实在不易。在这种情况下，良好的生活习惯不可或缺，这就需要我们调动起自身意志力，养成并坚持诸多好习惯。

出于本能，婴幼儿通常会在睡醒之后马上活跃起来，不断地做出各种行为动作。对于孩童而言，运动是健康成长的加速剂。一般来说，男孩比女孩更热衷于运动，更喜欢玩闹，更享受运动所带来的春天般的生命力。他们对于新的身体活动尤为在意，在学会之后会反复练习，直到自己能完全掌控这项本领。和家庭环境无关，运动是他们与生俱来的天性，他们需要随时随地地动起来。如我们所知，运动能让孩子的肌肉得到充分的训练，这一点很重要。有趣的是,孩子通常都喜欢按照自己的想法来运动,而不是听从父母的建议,强迫他们是没有用的。对于父母来说,应该做的是提醒孩子适可而止,过犹不及,同时要警惕一切有可能会发生的危险。

随着年龄的增长,本能驱动力会越来越弱,人们会变得越来越理智。在这种情况下,本能的运动倾向会被彻底抑制,直到有一天,人们会忽然发现,运动已经远离了我们的生活。或许人人都知道户外运动的重要性,但人人都有自己的苦衷,工作的压力也好,生活的压力也罢,我们不得不待在"笼子"里,久久不能离开,而健康也因此与我们渐行渐远。被关在"笼子"里是多么有违天性的事情啊,这也就是为什么长时间待在室内更容易让人生病。身体不适,常常预示着某种疾病的侵袭。久居室内通常都会让人变得越来越消极,并滋生出一系列病态的情感,让人对生活兴趣渐失,活得越来越苦闷。这种情况在神经疾病患者身上尤为凸显。我们在这里所说的"神经疾病",词义较为广泛,主要包括神经紊乱、神经功能障碍,还有神经性消化不良、失眠和便秘等病症,以及消极情感等。无疑,这些神经疾病会对我们的生活造成各种各样的困扰,如头疼、肌无力、关节痛、情绪激动、习惯性抱怨等。无论是疾病,还是消极情感,都是因为人们长期待在室内,缺乏户外运动所致。更遗憾的是，有的人不但不重视自己的健康，还夺走了别人享受健康的权利。

人们必须认识到，缺少运动对身体健康影响巨大，会增强人们对身体不适的敏感度，究其原因，既和心理有关，又和抗病能力有关。我们在生活中常常遇到这样的情况，焦虑感不速而至，而我们却不知其意，更不了解焦虑感为什么会出现。很多人都生活在这样的状态中，日复一日地被各种焦虑折磨着，于他们而言，时光能带走一切，却带不走焦虑，仿佛焦虑已成为他们生活的一部分。从清晨睁开双眼的那一刻起，焦虑便如影随形，避之不及，挥之不去。他们应该做的，是走出狭小的房间，投身于户外运动，只有这样才能将焦虑感驱逐出去。

不妨花一些时间，走进山林享受静谧，走入乡村享受闲适，放慢脚步，欣赏生活的美景。当你"慢下来"时，你会发现，那些压抑的心情、那些忧虑和不安，都会如云烟消散；当你呼吸新鲜空气时，你会感到，心灵的尘埃已被拂去，一切枷锁都被解开。在户外运动中，我们不仅收获了愉悦的心情，还收获了健康的身体。

众所周知，空气质量和身心健康直接相关，优质的空气对健康大有裨益。定期的户外运动，不但让生活变得充满乐趣，而且可以洗涤我们的心灵。对于美国人来说，因为地理位置的原因，想要坚持长期的户外运动是需要极大勇气的，需要人们充分发挥自身的意志力。每当冬季来临的时候，美国就变成了冰天雪地，但从某种角度来说，酷寒的天气更能增强我们的体质。当我们呼吸冷空气的时候，人体会产生一系列重要的生理反应，而这些反应可以让身体得到很好的锻炼。在寒冷的冬日清晨，走出房间活动活动筋骨，呼吸呼吸清新而凛冽的空气，这种运动比任何药物都管用，能为我们的身体注入巨大的能量。如果说晨练很难坚持，那么就在一天中抽出半小时出去走一走吧，要知道室内的空气无论如何也比不上户外的新鲜。长期缺乏运动会导致食欲下降，身体虚弱。其实对于大多数人而言，到户外走一走并非难事，也不会造成意志力的浪费，更何况本能驱动力很希望我们这么做。如果说你做不到，原因恐怕难逃其二：要么太懒惰，要么太不重视健康。

如果说运动是人类的本能，那么有规律的户外运动便深得本能"欢心"。可是现在的人早已习惯了驾车出行，很少有人愿意走上一两步。哪怕只有一英里的距离，人们也会选择把时间花费在等车上，而不是步行。其实走路上下班不失为一种极佳的锻炼方式，而且还能让我们的身心得到放松。汹涌的人潮，拥堵的街道，驾车出行被堵在路上，不仅是种煎熬，更是对光阴的亵渎。而当我们在行走的时候，思考从不会停歇，或许一整天的工作计划，便在这段路上新鲜出炉了。这正是行走最大的好处。如果我们能让行走转变为习惯，便可以把注意力放在其他事情上了。在拥挤的公车里，我们无法集中心力思考问题；在驾驶汽车的时候，我们不能分散自己的注意力；只有行走，能做到一举两得。那些宁愿躲在车厢里也不想走上一两步的人，意志力定然是十分薄弱的，因为他们无力做出一丝一毫的改变。

常听人说，坐在屋子里的人永远无法驾驭一匹野马。的确如此，没有优秀的身体素质，又怎么能驯服驾驭野蛮生长的马儿呢？坚持每天行走的人，身体素质绝不会太差。对于年轻人，尤其是久坐于室内的年轻人来说，运动是不可忽视的，他们需要明白，只有腿脚不便的老人才需要坐车出行。无论是律师、速记员，还是打字员和秘书，那些成天坐在办公室里埋头苦干的人，是多么需要行走的力量，不是在周六，也不是在周日，而是在每一天。三英里的距离，半小时的时间，对于大多数上班族而言，并非登天难事。坐车上下班或许会快一点，但走路上下班却能让身体得到锻炼。长此以往，必有所得。

另一方面，上下班的时候，无论是公车出行，还是地铁出行，都是令人焦虑的事情。在狭小且拥挤的空间里，人们不但无法享受优质的空气，更无法保持平和的心境。在我看来，美好的一天绝不应该这样开始：一大早坐上摇摇晃晃的公车，和各种各样的人挤在一起——哪怕只需忍耐半小时，也是一件糟糕的事情。在忙碌了一整天之后，人们会因为身处这种环境而感到更加压抑，而且这种压抑感通常还会被带回家里。我们很难对这种境遇感到满意，就像我们很难对工作感到满意一样。其实，只需做出一点点妥协，我们便能得到很大的收获。提前十几分钟起床，洗漱完毕，穿戴整齐，然后走路去上班，不要介意多花了一些时间，这些时间将给我们带来无穷无尽的益处，譬如优质的空气，还有强健的身体。

最初，我们的身体或许会有些累，脚会有些疼，不过只要能坚持下去，这些感觉很快便会被内心的满足感所替代。当我们拥有了健康的身体，就不会觉得这么做毫无意义。只要能坚持下去，我们就能扔掉一抽屉的药品和保健品，食欲会好起来，也不会再便秘，所有的身体不适都会悄然离去。或许有人会觉得，坚持长期走路上下班是件很难做到的事情，因为脚越来越疼，以至于最后寸步难行。事实上，只要能调动起自身的意志力，坚持行走并非难事，而我们的双脚也绝不会这样一直疼下去。当然，一双好鞋子可以减轻双脚的压力，我们需要懂得如何保护自己的双脚，就像士兵们在军事训练中所做的那样。他们会先选择一双合适的鞋子，然后再去行走，去奔跑。

  一直坐着，是不利于血液循环的。如果我们一直坐着不动，血管就会受到压迫；血液循环不畅，会影响消化系统的吸收功能；营养吸收不到位，各种疾病便会随之而来。很多人认为，休息的时候就该坐下来，而不是走一走。在忙完一天之后，他们疲倦地回到家，然后坐着吃饭，坐着休息，然后再往床上一躺。想要说服他们选择每天走路上下班是很困难的，因为他们总是认为，工作已经很累了，走路回家会让人更累，尽管他们深知自己的劳累感在很大程度上是因为缺乏运动，但仍然不愿意用行走的方式来让自己的身体得到放松和休息。同样的道理，冬天的时候，鲜有人愿意将自己置身于户外，因为寒冷会让人感到不适，就算是走在路上，人们也会时不时地躲进店铺里暖一暖身子。其实，当我们在寒冷的环境中行走的时候，血液循环会加速，反而更容易让身体放松下来。还有些人担心，走太多路会让自己患上扁平足，这些想法都是多余的。诚然，扁平足会让行走变得不那么容易，不过这不代表患者们就无法享受行走的乐趣，他们只是需要换上一双专用的鞋子而已。

  要养成行走的习惯，就要动用意志的力量；习惯一旦养成，人们便能从中收获欢愉与健康。如果能坚持每天走路上下班，不久之后人们便会惊诧于自身的改变：

不仅工作的疲惫感有所减轻，更重要的是，人们终于明白了怎么做才能真正地放松身心。细想起来，下班回家之后，"能坐着就不站着，能躺着就不坐着"的时光是多么无聊啊！在气候条件允许的情况下，不妨在晚餐后出去散散步，这样做既可以消食，又能赶走身体上的疲惫感和大脑的昏沉感。要培养起这样的好习惯，光说不练肯定是不行的，我们必须让意志力发挥作用，让自己真正地走出去。

不仅是生理性疾病，行走还能帮助人们调节心情，改善精神状态，不管是恐惧和焦虑，还是神经紧张，这些症状都能在行走中得到缓解。我常常给患者开出"行走"这个药方，当然，我自己也会身体力行。我的自身经历可以证明，烦心事越多，就越该出门走走。在身心得到放松之后，我们才能更好地应对那些烦心事。不管你是牧师还是教徒，是教师还是企业家，是老板还是员工，行走都能让你受益匪浅。曾有人对我说，他以前从来没有想到每天行走能带给他如此强烈的舒适感。当然，在培养这个习惯的时候，我们需要保证行走的路程不少于三英里，换句话说，我们需要保证至少走上半小时。我们投入多少精力和时间，就会得到多大的回报。另外，这样的锻炼还可以增加我们的自信心，在面对异常冗杂的工作时，我们依然可以保持良好的心态，相信自身可以完成任务。总而言之，能出去走走就别待在屋子里，那样只会让光阴虚度；无论是清晨，还是傍晚，走出家门，漫步街头，这样的休息才是真正的休息，才能为我们带来更大的动力和信心，以迎接新的工作和挑战。

毫无疑问，如果天气晴好，温度适宜，多走动走动会增进我们的食欲。相信很多女性都比男性更了解这方面的知识。这个良好的习惯，对女性的身体健康更为重要。如今，很多女性都不太愿意走路，哪怕只是走上一英里，也会觉得很累。在我看来，这是因为女性大多比男性敏感，神经也更容易衰弱。这也是为什么很多女性都会便秘。在大街小巷，我们能看见诸多治疗便秘的小广告，宣传着各种所谓的神奇药物。我们必须明白，那些药物至多只能帮助肠胃消化，清空"库存"而已，它们无法让胃肠功能得到真正的改善，更重要的是，是药三分毒。除此之外，行走还能帮助我们改善肝部等多个脏器的功能，让身体各部分都能正常运转。无论男女，每天走路的习惯都会让他们终身受益。现在，女性得到了越来越多的就业机会，她们期望能与男性一起共享这个社会。如此一来，若是女性朋友们想要拥有健康的身心，就更应该让身体得到充分的锻炼，并养成每天行走的好习惯。

我们在很多病例中都可以看到，相较于缺乏运动的

第九章 走出来的健康

女性而言，坚持每日行走的年轻女性在进入更年期后很少患病，身体要健康得多。另外，随着时代的发展，也有很多女性选择待在家里相夫教子，这意味着她们的户外活动时间极为有限。实际上，这种状态实在是糟透了。女性不应该把自己困在家里，而应该走出去接触广阔的人生天地，享受各种生活乐趣，譬如说行走的乐趣。的确，每天走上几英里是需要意志力支撑的。一般来说，最初的两英里路程就会令人深感劳累，不过凡事总有个过程，逐渐增加行走的距离才是正确的做法。忽然有一天，你会发现，不适感悄然而逝，此时你大可相信，自己的心脏十分健康。尽管如此，针对不同的疾病和身体不适，医生所给出的建议会千差万别。行走会让肺部得到充分的锻炼，并提高免疫力，从而减少感冒和咳嗽的机会。

人人都该培养起行走的好习惯，而且理应从年轻时候就开始；若能坚持每日锻炼，人生七十未必是难事。前一阵子，声名显赫的英国医生赫曼·韦伯爵士在伦敦与世长辞，他离开我们的时候已经是九十岁高龄了。他一向很注重健康，并且精力旺盛，甚至在八十岁之前极少服用药物。《英国医学》杂志曾刊登过他所撰写的《长寿的秘诀：肌肉锻炼》一文，甚是有趣。他在文章中提到，自己能活这么大岁数，要归功于每日两三个小时的户外行走。换算下来，他每个星期的行走路程大概在四十英里到五十英里之间；气候再不好，他也会走上三十英里左右。还有不久前离世的托马斯·艾迪斯·艾姆特医生，也活到了九十岁高龄。在年纪尚小的时候，他便开始养马和骑马，日日如此。这样的例子实在太多了，几乎所有长寿的人都很重视健康，拥有每天运动的好习惯。

运动和锻炼并不会过度消耗我们的体力，而是会调动起意志的力量，将越来越多的人体潜能挖掘出来，不断为我们的身体注入鲜活的生命力。

第十章 吃出来的健康

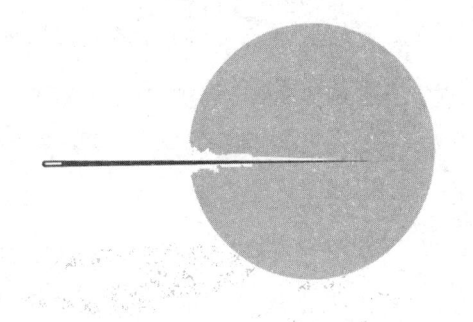

饮食是人的本能需求，也是人体健康的基础。定期的户外运动不仅可以锻炼身体，还能增进食欲，促进和完善消化功能，从而让我们的身心更加健康。然而，大多数身居城市之人，不得不长时间地身处室内，而这种牢笼般的生活俨然是对人性的束缚。在这种情况下，城市里的人走向了两个极端，要么吃得很少，要么暴饮暴食。

想让身体保持健康，就必须让饮食结构趋于合理；要做到合理膳食，就需要我们发挥意志的力量。在意志力的帮助下，合理膳食的好习惯是可以慢慢养成的。无论是吃得太少，还是太多，都对身体健康有害无益，然而在饮食方面，人们很容易走入这样的误区。另外，生活方式的改变同样也会影响我们的饮食习惯。

通过病例分析我们不难看到，人类每日的食物摄入量是有一定标准的，将摄入量控制在标准范围内，是获得健康身体的前提条件。当然,具体的摄入量是因人而异的,这与很多因素有关,譬如工作性质和身体素质等。不过,总体原则却不会变。

一方面,大家都知道"吃得太多"对健康极为不利;而另一方面,却鲜有人意识到"吃得太少"的危害性。那些体重不达标的人,若不是因为身染疾病,那就是因为没有好好吃东西;而那些身材矮小的人一般都觉得自己深受遗传之害,他们把过错归咎于父亲或母亲,甚至祖父母,在他们看来,自己身在这样的家庭,瘦弱是理所应当的。通过分析这些家庭的餐食情况,我们不难得出这样的结论:食物摄入量过少是这些家庭的通病,从而导致了家庭成员的瘦弱。简单地说,大多数情况下,体重不达标和遗传毫无关系,而是因为自幼就养成了不良的饮食习惯——吃得太少。

如我们所知,习惯非天性,皆源自后天的养成。大多数瘦弱的人一天只吃一顿饱饭,抑或是餐餐少食,三餐加起来也抵不过常人一餐的食物摄入量。日复一日,不良的饮食习惯就此形成,想要改变,实为不易。

许多体重不达标的人,都会有不吃早餐的习惯,即便是吃,也吃得非常少。对于早餐,医学给出的建议是,至少保证一杯咖啡和一整块面包,偶尔需要吃些蛋卷。可是这些人会无视这样的建议,依然我行我素。近来,人们喜欢在早餐中加入一些水果和麦片，譬如说半个柑橘，但实际上，这类水果的营养价值极为有限，只是对人体的消化功能有些许帮助而已。至于麦片，大多都需要冲饮，但很多人不会选择用牛奶来冲泡麦片，或者说，在吃麦片的时候不会同时食用奶制品；如果只吃单一食物的话，营养同样有限，对保持身体健康意义不大。很多瘦弱的女性，每天的食物摄入量极少，甚至连午餐都是敷衍了事。而有的人，早上和中午都不好好吃饭，一到晚上就大快朵颐。城市居民的晚餐通常都会很丰盛，可如果吃得太饱，肠胃的压力就会很大，以至于出现消化不良，甚至是腹胀失眠的情况。

控制好每顿饭的食物摄入量，定然是有助于人体健康的。当然，在此之前，我们必须先克服从前的不良习惯，这就需要意志力出场帮忙了。对于那些一大早就暴饮暴食的人来说，要让他们减少早餐的摄入量，难于登天。这些人的意志力通常都异常薄弱，以至于他们无法控制自己的食量，因此，想让他们做出改变谈何容易。同样，对于那些朝九晚五的职业女性而言，似乎少吃一口都会要了她们的命。她们大多都做着文职工作，在她们看来，一顿丰盛的早餐是一天最美好的开始。通常，在早上离家之前，她们会大吃特吃一番，而到了中午就没有胃口吃午饭了。在这种情况下，她们首先想到的不是早上少吃一点，而是选择干脆不吃午餐。七八小时之后，她们终于可以吃晚餐了，饥饿让她们觉得吃什么都非常可口，于是暴饮暴食在所难免。她们总是认为，吃饭这件事不需要严格控制，饿了就吃，饿极了就多吃点，她们从来没想过身体所需的能量到底有多少。

令人惊讶的是，大多数结核病患者的体重长期不达标，最主要的原因并非来自病痛，而是因为不良的饮食习惯。这类患者在食物选择上一般都有很强的自我偏好，而且很多富含营养的食物都被他们排斥在外。比方说，一些年轻的结核病患者从来不吃鸡蛋和牛奶，而且对鸡蛋和牛奶极其厌恶，究其原因，是他们认为这些东西自身无法消化，这样一来，他们的病情就始终得不到缓解。

同样，奶油等奶制品会常常被人排斥。疗养院里的患者通常都不会有这样的想法，从来不会觉得鸡蛋、牛奶和奶油等是无法消化的食物。他们的饮食一般都有专人打理，他们从来不用考虑食谱的问题，而且饮食习惯也都十分健康。当然，患者偶尔也会抗拒某些食物，或者出现呕吐症状，那都是消化不良的征兆。

医生会在两到三周之后，对刚进入疗养院的患者进行简单的询问，了解他们对院内餐食的看法。一般来说，患者都会逐渐适应疗养院的餐食安排，并表示很难相信自己以前竟然拒绝食用那些健康的食物；与此同时，他们还意识到，正是因为自己以前的饮食习惯很不好，才导致自身染上了疾病。

相对来说，肺结核这种病很难发生在微胖者的身上。如果用数字来衡量的话，在所有肺结核患者中，四分之三的人体重不达标。虚弱的身体无法阻挡结核杆菌的侵入，更无法抵御它们的肆虐行径。生物学告诉我们，结核杆菌的繁殖是需要一定条件的，而这些条件在体重正常或略微超常的人们身上很难得到发展，而虚弱的身体却是病菌的温床。穷苦之人会因为长期挨饿而体虚身弱；普通人会因为食欲不振和酗酒而弱不禁风，从而给了结核杆菌可乘之机。总的来说，不良的饮食习惯是引发肺结核的主要原因，想要改变习惯，赶走疾病，就必须唤醒沉睡中的意志力。

很难想象，还有很多人会认为自己体重不达标是因为神经系统运转不正常，但同时他们又说不清楚神经系统哪里出了问题，或者有什么症状。显然，这些人体重不达标的原因是食物摄入量过低，如果说他们的神经系统真有什么问题的话，那也是因为体虚而引起的。神经系统所引起的身体不适多见于腹部。食物进入肠道后会发酵并产生一定量的气体，因此偶尔会引发腹胀、反胃、口中酸臭，以及便秘等症状，这便是我们常说的消化不良。在下一章里，我们会了解到，出现便秘不是因为吃得太多，而是因为所摄入的食物在数量和种类上都太少。换句话说，吃得太少才会引起腹胀难消的情况。正常情况下，食物的发酵过程十分缓慢，因而释放气体的速度也很慢。可是，患有神经性疾病的人总会不停地打嗝，无疑，他们的肠道中聚集了大量的气体，但为什么会出现这种情况呢？实际上，这正是我们常说的"神经性消化不良"。稍有医学知识的人都应该知道，癔症患者随时都会出现腹部胀气的症状，并伴随着打嗝，究其原因，是因为他们的消化道已经受损。

二十世纪的物理学家们常说："大自然不愿留下一丝空白。"这句话同样可以用在腹胀这件事上。当我们的肠胃不够饱和时，我们的身体便会通过各种机能产生气体来填补肠胃的"空白"。要是放在几年前，这个说法恐怕很难让人接受，因为当时的人们更重视消化过程中的化学反应；不过这几年，这个说法已经得到了医学界的认同，因为医学家认识到了物理变化对于消化作用的重要性。同时我相信，神经性功能障碍的研究者应该也会同意这个观点。

除了各种身体不适之外，很多精神问题和神经性疾病都和食量过少、体重不达标有关。当下有很多人，尤其是女性，整日心不在焉，萎靡不振。这些状况都是因为体重不达标所造成的。当身体处于虚弱的状态时，我们便很难专心做事,也无心享受生活。在结束了繁忙的一天后,我们的体能恐怕早已透支。然而,丰富的精神生活是必不可少的,它对健康至关重要。如果精神生活不够丰富,神经系统就会陷入颓靡。很多体重不达标的人,不仅饮食习惯不佳,而且还缺乏意志力;对于他们来说,想吃就吃,想不吃就不吃,想吃多少就吃多少,吃完后就该躺在沙发上打盹儿,而不是出门看一场电影。可以说,这些人已经失去了活力。如果想要改变这样的处境,就必须改掉那些恶劣的饮食习惯,让体重达到正常标准。

相对来说,恐惧心理似乎更青睐瘦弱之人,他们总在为各种身体不适而忧心忡忡。在我的患者中,鲜有人能在戒酒后成功增重。我还记得我遇到的第一个此类病例。那个患者大概有六十岁,是位政界人士,在周边地区的影响力颇大。因为工作关系,他需要经常在各种酒会上抛头露面,渐渐染上了酒瘾。自此,他的体重下降得很快,身体一天不如一天,到最后,身高六英尺的他,体重却不到一百五十磅。不良的身体状况已经严重影响了他的政治前途。我曾建议他控制饮食,合理膳食,但效果都不太好。后来,他又找到我,希望我能帮他增重。我不得不放手一搏,想尽一切办法让他明白控制饮食的重要性和必要性,并让他知道他没有别的选择。

第十章 吃出来的健康

人到六十，饮食习惯就很难被改变。有的时候我也在想，或许医生并没有必要非得这么做，毕竟，从某个角度来看，这并非医生的职责所在。不过，这个病例很特殊。这位患者一到晚上就开始恋酒，一直以来都是如此。早餐分量不足，午餐敷衍了事，以至于到了晚上，他的身体状态就陷入低迷，因此他"不得不"靠酒精来维持自己接下来几小时的体力。要摒除这个不良习惯，首先要调整饮食结构。此前，他以咖啡和蛋卷作为早餐，此后，他的早餐除了麦片之外，还必须加上两枚鸡蛋和些许培根。另外，我还给出建议：午餐前一定要外出活动，时长不少于一刻钟；午餐后再吃点甜品。只用了一个星期，他的体重便增加了三磅。两个月过去了，他成功增重至一百八十磅。更重要的是，在这两个月里，他一点酒都没有喝过，到最后，他对酒精彻底失去了兴趣。说起来这件事已经过去十多年了，那位患者在后来的日子里，一直滴酒不沾，体重也很正常。他曾对我说，这种感觉好极了，从前一到晚上就犯困，现在却毫无疲惫感。他还兴奋地告诉我："真是难以置信，我想我以前一直都没搞清楚到底该怎么吃东西。"

很多时候，神经紧张的人会比常人更容易疲劳，不过事实证明，他们的疲劳通常都和身体机能无关。当然，我们不排除肾脏和心脏等器官功能的紊乱，以及血压方面的问题。对于医生来说，一般会首先考量如下两种情况：一种情况是，患者是扁平足或者八字脚；另一种情况是，患者吃得太少。如果说二者兼有，那么患者定会更加疲惫。另外，因为工作原因而需要长时间站立的人，也会很容易疲劳，很容易神经紧张。不过，这些情况都不难处理。有的人会习惯性地神经紧张，在这种情况下，若是食物的摄入量严重不足，那么他们的身体便会遭受很大的负面影响。这类患者很难一觉睡到天亮，一般半夜三四点就会清醒过来，然后就再也睡不着。究其原因，是因为食物的摄入量不足，导致饥饿夜半来袭，从而引发失眠。尽管患者会感觉到饥饿，但他们却完全没有意识到症结所在，而是将失眠归咎于神经紊乱。还有的患者竟误解了医生的诊断，以为自己的胃肠功能出了问题。

很多时候，半夜醒来都是因为肚子饿了。很多瘦弱的人都有这样的习惯：傍晚六七点钟吃晚餐，晚上十一二点上床睡觉。实际上，他们应该在睡觉之前稍稍吃点东西，无论是牛奶还是可可茶，饼干还是小蛋糕，总之，他们需要让肚子饱一点。人类和动物一样，吃饱喝足之后极易入睡，相反，饿着肚子就怎么都睡不好。婴儿是不会对我们撒谎的。对于婴儿来说，只要饿了，就会用哭的形式来索求食物，白天如此，晚上也是如此。在需求得到满足后，他们便立马收起眼泪，安安稳稳地

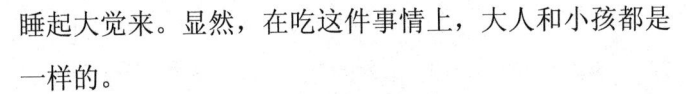

睡起大觉来。显然，在吃这件事情上，大人和小孩都是一样的。

对于大多数人而言，吃过晚餐后并不会立刻去睡觉，如我们前文所说，人们通常在六七点钟吃晚餐，十一二点才上床。如今，许多城市居民都养成了睡前加餐的习惯，而这个习惯是有助于睡眠的。做了几十年医生，我很清楚，睡前加餐不但可以治疗失眠，而且对健康有益。经验告诉我，睡得不好的主要原因是晚餐的食物摄取量严重不足。尽管如此，还是有人会觉得，晚餐少吃是控制饮食的关键，以为"吃得少才能睡得好"。殊不知，这样的习惯对健康极为有害。身体健康的人一般都极少失眠，他们之所以能睡得很好，主要是因为他们的晚餐营养丰富，分量合理；而且他们会在晚餐后去看一场演出，吃点小吃或冰激凌，然后再回家睡觉；他们一沾到枕头就能睡着，然后一直睡到翌日清晨。

不过，凡事都有两面性。一方面，食物的摄入量过少会影响身体健康，这种坏习惯是需要摒弃的；另一方面，摄入量过多也不是好习惯，同样需要克制。想要改变这两种不良的饮食习惯，就需要借助意志的力量。

对于青少年而言，体重不达标很不利于健康成长；对于中年人而言，超重则后患无穷。现代社会，人们的物质水平越来越高，食物的种类也越来越多，若是屈服于口腹之欲，人就会沦为食物的"奴隶"。正因如此，我们身边的肥胖症患者越来越多；而对于肥胖症患者而言，很多时候，肥胖已经影响了他们的正常生活。想要改变，方法只有一个，那便是少吃多动。减少食物的摄取量，意味着人们需要改变"饿了就吃"的不良饮食习惯。如我们所知，这件事说起来容易做起来难。不难想象，一个人长期以来每天都要吃很多东西，忽然让他少吃一大半的食物，那他肯定会觉得饿，甚至会出现精神恍惚的情况。要做到并坚持下去的确很难，但为了身体健康和美好未来，他们必须做出这样的改变。在这方面，家庭的影响力是很大的。每一个家庭成员都应该以此为己任，合理规划膳食结构，尤其要少食油脂类食物。在我看来，子女若是患上了肥胖症，父母一定脱不了干系。在一个家庭中，如果孩子的饮食结构足够合理，食物足够健康，也从不胡吃海喝的话，他们就不太可能患上肥胖症。肥胖症患者若能养成良好的饮食习惯，便能让新陈代谢的速度慢慢减缓，从而减低口腹之欲，这样一来，就不会饿着自己，又可以成功减重。

肺结核的病因是吃得太少，肥胖症的病因是吃得太多，但不管是哪种疾病，都需要把预防放在首位，而不能依赖于后期的治疗。人们的饮食习惯，多多少少都会受家庭的影响，如果发现父母的饮食习惯不甚优良，那我们更要防患于未然，不可节食，也不可暴食。合理膳食并非登天难事。我们无须对普通食物心怀"不满"，而要警惕油脂类食物；甜品可以吃，但不能多吃；冰淇淋最好用冰块来代替；酸性水果请放心食用，譬如葡萄、橙子等柑橘类水果，都对消化有益；胶质类甜品也可以大胆地吃，并不会引发肥胖。近年来，人们常说"吃得好才能瘦下来"，事实的确如此，只要吃得合理，那我们就既能尽情地享受美味佳肴，又无须担心体重有增无减。诚然，减重并非易事，除了控制饮食之外，运动必不可少，更重要的是，一定要有"减重"的决心。

近年来，还有种疾病来势汹汹，那便是糖尿病。糖尿病的病因也和饮食习惯不良有很大关系，不过，也正因如此，要控制糖尿病的病情也没那么难。在旧时代，糖尿病的发病率其实很低，但随着时代的发展，发病率越来越高。近日，一位研究糖尿病的医学家指出，美国的糖尿病患者已达五十余万人，致病原因主要是：不良的饮食习惯导致人体对"糖"的新陈代谢失常。糖尿病之所以会有如此高的发病率，其实并不难理解。如今的美国人，对"糖"的依赖程度是史无前例的。仅仅在一两百年前，人们如果想买点富含糖的食品，只能求助于药剂师，而现在，人们只需要去一趟小超市就可以。从前，人们认为糖类是药物的一种，是给孩子、老人，以及体弱多病的人吃的,因为它可以利尿。一个世纪之前,全球所消耗的糖类累积为一千吨左右。然而,到了一战爆发前的那年,全球所消耗的糖类总量达到了两千两百多万吨。数据显示,在美国,糖类的人均日消耗量为四分之一磅。

如今,杂食店随处可见。在我们祖父祖母的那个年代,杂食店极为少见,而且买糖果的都是孩子。那时候的杂食店,除了卖糖果之外,还会卖些文具和报纸杂志;而如今的杂食店已化身为糖果专卖店,出现在我们的日常生活中。截至目前,美国的糖果专卖店有好几百家,通常只销售糖果和冰激凌,平均下来,店铺的年租金为两万五千美元左右。

糖果的销量越来越高,与此同时,其他糖类食品的销量也在节节攀升。无论是法式面包,还是维也纳饼干,不管是来自东方的甜点,还是源自土耳其的无花果糕,还有产自阿拉伯的枣糕和来自西印度群岛的番石榴,诸如此类的甜食已成为人们食谱中的必备美食。尤其是巧克力,这种甜食为世界经济做出了巨大的贡献,可是如果把时光倒转数十载的话,你会发现并没有多少人真的爱吃它。茶和咖啡,皆来自远东。它们漂洋过海来到美国后,迅速地俘获了人们的芳心,同时也增加了糖分的消耗。

如果人们不控制糖分的摄入量，不但极易患上糖尿病，而且会越来越严重，尤其是对青少年而言，糖尿病是十分可怕的疾病。如果社会未对此给予足够的重视，那么患上糖尿病的人只会越来越多。尽管只是饮食习惯的一种，但人们对糖的需求一旦上了瘾，便会像抽烟一样难以戒除。实际上，通过淀粉是可以分解出糖的，这也是人体机能之一。当人们将一小片面包放入口中细嚼慢咽时，唾液中的某些成分便会分解面包渣；当人们将面包吞进肚子过后，嘴里依然会留有甜美的味道——这才是人体吸收糖的正确方式。然而，很多人都觉得这个过程实在是太没效率了，还不如直接买点糖果嚼碎了吃下去。其实，糖果和酒精有一个共同之处，它们都是人造食物，还含有化学物质，多吃必然无益。总之，人们理应养成少吃糖的好习惯。

第十一章 "绝症"的天敌

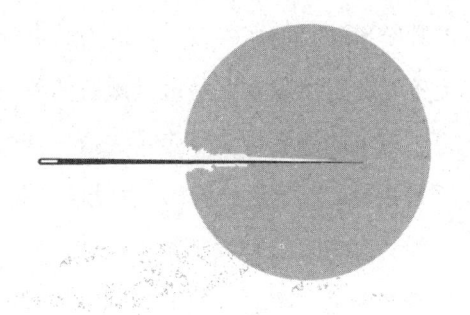

意志的力量

　　肺结核这种疾病，最能体现意志力的强大作用。在之前的数千年中，肺结核可谓人体健康的天敌，而且一直是人类无法战胜的"绝症"。直到近几年，极具威胁的肺结核才"退居二线"，因为肺炎的致死率有过之而无不及。虽然它不再是最具威胁的敌人，但仍然有百分之十以上的患者被它夺走了生命。这么高的致死率，似乎是在说，对付这种疾病，意志力是徒劳的。换句话说，假如意志力真能打败肺结核的话，那么理应有相当比例的患者能通过努力而终获成功。尽管如此，我们仍然不能否认意志力在对抗肺结核时的价值。

　　肺结核不但致死率非常高，而且患病率也相当高。在过去流行着这样一句话：人类生来就难敌肺结核，人人皆如此。随着医学研究的发展，当今的医学家一直认为那句话颇有深意。没有人能对结核杆菌完全免疫，人们总会在某个时候被它侵袭，只不过感染的程度因人而

第十一章 "绝症"的天敌

异。大部分人从未察觉自身患有肺结核,更别说抵御和战胜它了。研究表明,任何人的体内都藏匿着结核杆菌。不过,通过对病逝患者的尸检,医生得出了另一种结论:结核杆菌并非致死的主要原因,它对人体的伤害并不致命,而且人体对它的直接伤害通常都能一一修复,正常的机体功能也不会受到它的影响。大约有八分之一的肺结核患者会遭遇病情的恶化,多半是因为他们抵抗力过低和缺乏意志力。不过,很多患者都抱有一颗勇敢的心,他们坚持不懈地和疾病做着斗争,身体可能会越来越虚弱,但希望永远在他们心里。

有一种观点是:肺结核是遗传性疾病。不过我们已经证实了,这种观点是不正确的,肺结核的遗传概率微乎其微。如果说有一定的遗传因素,那么应该是家族和家庭在饮食结构和饮食习惯上的遗传;某些与生俱来的不良饮食习惯会导致人们营养不良,体质下降,从而极易患上肺结核。另外,缺乏意志力这件事或许也会遗传吧,因为家庭的影响,一些患者不愿做出努力,更不敢与疾病抗争。尽管如此,我们必须承认,对于肺结核这种病来说,其实环境因素比遗传因素要凶猛得多。

现在,很多资深的医生会告诉肺结核患者:"只有毫无斗志的人才会被肺结核宣判死刑!"的确,很多患者都会在肺结核面前低下高贵的头颅,不相信意志力和

意志的力量

勇气可以帮助自己战胜病魔。准确地说，如果自身信念不够坚定，生活习惯不够健康，就很容易被肺结核打败。时至今日（注：二十世纪二十年代），肺结核这种病尚无法得到有效治疗，尽管医学家们前赴后继地想要战胜它，但仍然无法让患者彻底痊愈。事实就是这样无情，医学家还需要更多的时间。值得庆幸的是，对这种疾病的研究从未停止。近来，医学家发现了控制肺结核病情的必要手段，那便是：增重。患者需要让体重达到一定标准，让能量回到体内，从而提高免疫力和抵抗力。这些是对抗肺结核的前提条件，也是战胜病魔的希望所在。

如果希望自己能好起来，患者就必须做到以下两点，并努力坚持下去：第一，多呼吸新鲜空气，劳逸结合，就算病情危重，也要保持平和的心态；第二，多吃有营养的食物，为身体提供能量和动力，增强体质，提高抵抗力。无论是优质的空气，还是富含营养的食物，都对肺结核的治疗有很大帮助。公元二世纪后叶，希腊的著名医生盖伦就已采用这样的方法来治疗肺结核。在此之前多年，他率先提出了"肺结核"的说法，并不断尝试着治疗这种疾病，而且还将所有的治疗方案及效用都记录在册。通过不断摸索，他终于发现，优质的空气和富含营养的食物才是对付肺结核的最佳药品。他当时还提出，最有助于治疗的食物是鸡蛋和牛奶。时至今日，医

第十一章 "绝症"的天敌

学已日新月异,但盖伦的治疗方法却并没有落伍。

意志力对治疗的帮助是极大的。在治疗过程中,患者若能充分发挥自身意志力,便能让病情得到控制。十九世纪时,一位名叫约翰·隆格的江湖术士曾名噪一时。他声称自己研究出了肺结核的治疗方法,当然,他是在撒谎。他根本不懂任何医术,这么做无非是想赚钱罢了。他在伦敦的哈雷大道上置办了一套公寓,在那里"坐诊行医"。许多肺结核患者都听信了他的谎言,前来问诊治病。每到肺结核的高发时节,他的门诊里便会从早到晚人满为患,门口的大道也会被马车塞满。来问诊的患者中,九成都是女性,而且大多数女性都曾在高等学府中学习过。她们通常有钱有势又有品位,如今却找到一位江湖术士治病,甚至还有人将自己孩子的健康也寄托在这个骗子身上。隆格所宣扬的治疗方法很特别:利用呼吸来治疗。他信誓旦旦地告诉患者,只要吸入一些带有药物成分的气体,就能让病情有所好转;他还大言不惭地说,这个治疗方法屡试不爽,成功者众多。在短期内,患者们的确会觉得自身病情得到了控制,然而说到底,所有的一切都是隆格编造的谎言。

如 J. 科迪·杰夫雷森在《医生的书》中所写的那样,隆格的"事迹"在上两代人中间传播广泛,人们皆认为他的治疗方法很有成效。隆格深知,如果能把患者们聚集起来治疗,就会得到更好的效果。毕竟,人们总会彼此影响。在隆格的诊所里,有两个可以移动的大管道,是为患者提供气体的仪器。那些女性患者坐在管道的一端,兴高采烈地吸着含有药物成分的气体,任凭口唇被染成粉色。当代社会,此类治疗仪器并不鲜见,譬如雾化器、氧气瓶,等等。这类治疗通常都是将药物融入气体,然后让患者吸入,并在短期内让病情得到缓解,但从长期来看,治疗效果并不会很好。

越来越多的患者前来问诊,隆格自然无暇顾及每一位患者。他的神奇疗法让英国人民沸腾了,患者们满心期待地赶到伦敦,把重生的希望交付于隆格。在这种情况下,那些最容易病愈的患者成了他首选的治疗对象。治疗前,他叮嘱那些患者,一定要好好吃饭,好好睡觉。有一次,他来到一个小村庄给一位肺结核晚期患者看病,并一针见血地告诉患者:"你的病太严重,我想我帮不了你。现在只能靠你自己,不要放弃希望,多吃些牛排,多喝点啤酒。要是十天之后,你的病情有所缓解的话,我就可以想办法帮你把病治好。"

如我们所见,隆格要求患者们好好吃饭,好好睡觉,并告诫他们切勿将全部的希望都寄托在药物上;他让患者们笃信,只有这样做,这样想,治疗才会真正有用。对于那些生活在乡下的患者而言,得天独厚的环境条件和气候条件原本对他们的病情极为有利,但他们却忽视了这一点。当他们抱着最后一丝希望找到隆格的时候,隆格不失时机地给了他们一些忠告。于是,他们的意志力被调动了起来,胃口也好了,睡觉也香了。如此这般,过不了多久,他们的病情就能得到控制,身体也会慢慢健康起来。

然而,就算患者们对肺结核这种疾病略知一二,但要严格按照隆格的方案来进行治疗也绝非易事,毕竟,他们不但需要长期待在某个空气好的地方,还要坚持良好的饮食习惯,尤其是要多吃一些富含蛋白质的食品。无疑,想做到这些,必须依靠强大的意志力。一部分患者饮食习惯很不好,而且根深蒂固;而另一部分患者经济条件很差,能不饿着自己就已经很不错了,哪里还顾得上食物有没有营养。正因如此,肺结核才能轻易地攻占他们的身体。肺结核患者如果想要重获健康,就必须摒除不良的饮食习惯,然而对他们来说,要做到改变谈何容易。

无论是谁,要做到放下一切,到一个陌生环境中长期居住,都不会太容易。哪怕那里的空气质量很好,食物很新鲜,很适合休养生息,但住久了,人都会感到空虚。在这种时刻,只有意志的力量能帮助人们坚持下去,给予人们和病魔战斗的勇气与毅力,化不可能为可能,最后让人们有能力回归正常生活。

如果患者不能按照医嘱对生活方式进行调整，并充分地发挥出自身的意志力，那便不可能争取到战胜病魔的机会。而且，患者们理应从一开始就听从医生的建议，而非等到病入膏肓时才想起医生的话，毕竟，治疗的时机很重要，越早开始，效果越好，难度越低，患者所遭受的苦痛也会越少。若等到病情危重才幡然醒悟，只怕为时已晚。实际上，许多患者因为忽视了最初的治疗，而导致自己深陷绝境。还有些患者，最终输给了恐惧。他们不愿去看医生，因为他们不想亲耳听到自己患上肺结核的消息。于是，他们错失了治疗的良机。

肺结核的致死率之所以会如此高，和恐惧心理也有很大的关系。一部分患者总是掩耳盗铃，试图逃避疾病的追捕；他们始终不愿面对现实，不相信那些身体不适居然就是肺结核的前兆；他们讳疾忌医，转而求助于各种无知之人；他们笃信各类医药广告，把感冒药当作"还魂丹"，还买回一堆堆有害无益的"灵丹妙药"。久而久之，身体不适不减反增，他们不得不承认自己生了病，无奈地走进医院；而这个时候，他们已经病得很重，很难治好了。更重要的是，他们的抵抗力已经变得十分低下，这意味着，身体机能很难在治疗过程中发挥作用，这无疑会影响到最终的治疗效果。

第十一章 "绝症"的天敌

肺结核患者的亲朋好友们必须认识到，肺结核绝非先天性疾病，它是后天因素造成的。另外，和肺结核患者接触过后，并不一定会被传染，也就是说，肺结核的传染性并不是很高。现在，总有一些因为感冒而咳嗽不止的人会认为自己得了肺结核，其实这里面存在着一些误解。需要说明的是，和我们所想的略有不同，肺结核的病征其实很少，在初期和中期，并不会出现咳嗽不止、哮喘和减重的症状。这些明显的症状，一般都出现在晚期阶段。还有些人认为心跳加速也是肺结核的症状之一，其实这二者之间毫无关系。

过去的医生会认为，不应该将病情的真实情况透露给患者，这样会给患者造成极大的心理压力，甚至心理伤害，从而令患者一蹶不振。如今，这种观念已被新的理论取代了。临床医学告诉我们，让患者了解自己的病情，其实有助于对肺结核的治疗。对医生来说，让患者知晓自己得了什么病，病情又如何，是非常有必要的。当然，医生还应该对患者进行宽慰，削减他们的恐惧感，并将康复的希望留在他们心中；在治疗的时候，要尽力激发患者的意志力，让他们坚定不移地相信——肺结核是能治好的。

如我们所知，百分之九十的人都逃不过结核杆菌的侵袭，不过只是时间不同，程度不同罢了。换句话说，其实结核杆菌一直藏在我们的身体里,伺机而动。在经济发展水平较高的国家和地区,肺结核的致死率在百分之十以下。单从数字来看,肺结核的致死率算不上特别高,这给了我们希望:大部分患者都重获了健康。眼下,我们最应该抵制的是关于肺结核的遗传论,那些理论都是危言耸听,不仅会击碎患者的希望,更会扑灭他们的勇气。在亲眼见到亲人病逝之后,许多年轻人都备受打击,以为自己终究逃不过肺结核的魔掌。当然,科学事实已经摆在我们面前,肺结核和遗传之间没有半点干系。

对于治疗肺结核而言,时下常用的方法和药物很少能"力挽狂澜",客观地说,它们的疗效是有限的。然而很多时候,患者们还是康复了,究其原因,意志力功不可没。我们无从判断,是不是药物给患者带去了希望,带去了信心,并激发起了他们的意志力,但可以肯定的是,意志力给他们带去了健康。在我所接触的病例中,很多成功治愈肺结核的医生并不会为患者制定出五花八门的治疗方案,他们所做的工作说到底只有一个:不断地给患者施予积极的心理暗示,帮助患者建立起自信心,并督促患者合理膳食,劳逸结合,以增强体质,提高免疫力。那些整天愁眉苦脸、垂头丧气的患者,多半都无法发挥出自身意志力,而消极情绪又会导致他们食欲下降。对于肺结核患者来说,吃不好就意味着病好不了。

第十一章 "绝症"的天敌

只有在饮食合理、睡眠良好的情况下,他们才有力气走到户外参与运动,享受优质的空气,从而激活肺部功能,不仅如此,户外运动还能提高他们的免疫力,让他们身心愉悦,精神抖擞。

近年来,人们逐渐发现,多变的气候条件有助于肺结核的治疗。也就是说,温差较大、四季鲜明的地方更适合肺结核患者居住和疗养,或者说,患者应该适时地改变自身所处的环境,搬到另一个气候条件迥异的地方,以激发身体机能的活力。相比之下,冷一点的地方是最适宜肺结核患者居住的,当然,最冷的时候不可低于零度。一般来说,一天当中的最高气温常出现在午后三点左右,如果一个地方午后三点的气温为华氏九十度,凌晨气温为华氏六十度,温差为华氏三十度,体感由暖渐寒,但冷意尚不多,这样刚刚好。由于温差的存在,人体会感受到一定的凉意,或许会有人觉得不太舒适,但实际上,正是在这种凉意的刺激下,我们的血液循环才得以加速运行。在改善身体机能方面,多变的气候条件不亚于任何一种良药。它能增强患者们的免疫力,清除他们抗病道路上的诸多障碍,让康复的希望越来越大。

正因如此,许多医生都认为,高海拔的山林地区是肺结核患者的疗养胜地。和低海拔地区相比,高海拔地区的温差变化较大,气候条件也更加多变。海拔在一千五百英尺以上的地区,温差可达到华氏三十度左右;海拔越高,温差也就越大。较大的温差可以激发患者的身体机能做出合理应对,对治疗肺结核十分有利。另外,众所周知,因为空气稀薄,人在身处高海拔地区时,常会感到呼吸困难。在这种情况下,心肺功能不得不加速运转,不仅呼吸的频率会加快,呼吸的程度也会加深。因为只有这样,人体才能获得充足的氧气,以避免生理状态失常。

通常来说,高度在七百六十米至一千五百米之间的地区,称为中海拔地区。事实证明,中海拔地区更适合肺结核患者常年居住。在中海拔地区,夏季清凉宜人,气候变化不大,体感舒适。但在秋季和冬季,气候变化较大,常常会令患者感觉体虚无力。为了缓解这种不适感,很多患者会选择在秋冬时节暂时移居到温暖的低海拔地区。当然,如果他们的病情已经稳定,抵抗力也足够强大了的话,移居也不是不可以。可是,真要这么做的话,他们将前功尽弃。这时,他们应该借助意志的力量坚持下去。意志力强大之人是不会半途而废的,就算环境和气候令他们备受折磨,他们也不会只图一时之利而忽视长远利益。他们会告诉自己,在治好肺结核之前,不可以下山。总之,只要患者能做到持之以恒,病愈的可能性就非常大。

第十一章 "绝症"的天敌

曾经很长一段时间，医生们会建议肺结核患者前往里维埃拉、阿尔及尔等地疗养，因为这些地方的气候条件相对稳定。当时的医学观点认为，多变的气候条件不利于患者休养生息，患者应该尽量避免寒冷，才能重获健康。当然，在气候稳定的环境中，肺结核的诸多症状都会暂时得到缓解，不过疾病本身很难得到根治，甚至会出现反复和恶化。在这些地方，患者们的生活自然是舒适的，但同时，他们也很难调动起自身的意志力，这对治疗来说并不是件好事情，会让治疗效果大打折扣。

户外活动和大自然的熏陶对患者来说是一件令人愉悦的事，而好心情则是治疗的重要前提。如果能养成户外活动的好习惯，自然再好不过。在我看来，是特鲁多医生为肺结核患者们找到了更好的疗养地。他的亲身经历告诉我们，诸如阿第伦达克山脉这类中海拔山林地区才是患者们应该去的地方。特鲁多医生是户外运动的忠实拥趸，尤其钟爱攀登阿第伦达克山脉。在患上肺结核之后，他一度悲观沮丧，干脆去到阿第伦达克山脉的萨伦纳克山离群索居。那里的气候十分恶劣，生活条件极其简陋，无人相伴，什么都要靠自己。

出人意料的是，山居生活送给他一个奇迹，他的肺结核病竟然痊愈了。做了一辈子医生，他看到太多肺结核患者被病魔夺走生命，所以当疾病降临己身之时，他选择远离纷繁嘈杂的城市，回归自然，静度余生。

许多人都觉得，山居生活是他人生的最后一个心愿，所以他才会那么毅然决然。在此之前，医生们都认为幽居山林对治疗并不会有实质性的作用，不过，既然特鲁多已经没有多少时间了，那就让他随心而为吧。尽管山间冬日酷寒难耐，可特鲁多却醉心于户外活动。没想到的是，这一次，他不仅治好了自己的病，还设计出了一套前无古人的治疗方案。近五十年来，这套治疗方案帮助无数肺结核患者成功地活了下来。五十年前，特鲁多医生心怀决绝，独自来到萨伦纳克山生活。每次采购日用品，他都必须自己驾着马车来回颠簸四十英里；冬天，想要喝到水就必须自己动手到湖里破冰，再把冰块砸碎化开。对人类而言，在寒冬中凿冰取水是十分痛苦的事，可特鲁多并没有向困难低头。最终，他不仅奇迹般地重获了健康，还为广大肺结核患者带去了普世光明。

据我所知，有些肺结核患者并不乐意到中海拔地区进行疗养。尽管他们可能会遵从医嘱，尝试着去中海拔地区静养一些日子，享受那里的优质空气，并积极地改善饮食习惯，可此后若要他们再去两三次，就没那么容易了。因为他们缺乏持之以恒的精神，而对于肺结核这种疾病，做不到持之以恒，一切短期治疗都是白费功夫。许多患者看到自己病情有所减轻，便匆匆忙忙地回到了原来的生活模式中，最后前功尽弃。我们反复强调，意志力和好习惯都至关重要。特鲁多医生在七十余岁时去世，不是因为肺结核病。在他看来，长期幽居山林并非易事，因为很多事情都必须下山才能得到解决。自从被确诊身患肺结核，他四十年如一日地坚持户外活动，同时也很注意休息。显然，他比常人自律，也比常人更有毅力。他的康复，本身就是一种成就；同时，他也为医学做出了极大的贡献，造福了无数的肺结核患者，可谓博施济众的典范。

第十二章 肺炎的克星

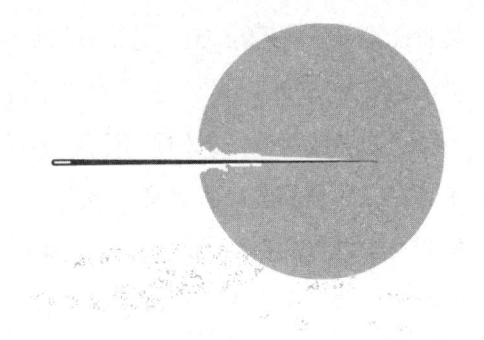

意志力不仅是肺结核的天敌，还是肺炎的克星。近年来，在临床医学上，肺炎的治疗遭遇了艰难险阻，而且尚无特效药可用。在这种情况下，人们逐渐意识到，是否能充分发挥意志力变得尤为关键。如前文所述，消极情绪会导致患者勇气渐失、意志消沉，这对治疗极为不利。大多数时候，人们都不愿将不好的事情告知肺炎患者，尤其是高龄患者。诸如至亲离世之类的消息，定然会对患者造成极大的打击，让他们倍感压抑，甚至心生绝望。对于患者来说，血液要从心脏流向尚能正常工作的肺段，原本就已十分艰难；若再遭受些外界刺激，这项身体机能便会进一步下降。因此，我们理应尽量避免让患者陷入消极情绪之中。

例如，如果让某位五十几岁的患者得知自己的故友被肺炎夺走了生命，他一定会因此而心生痛苦，日益消沉，甚至不再积极地配合治疗。简单来说，坏消息让他心理失衡了。众所周知，如果一个人在心理上出了问题，那么他的身体也会出问题。对肺炎患者，尤其是中年肺炎患者而言，他们几乎无法承受任何不好的消息，并会因此而陷入绝望，最终导致自身病情的恶化。相反，如果患者信念坚定，勇气十足，斗志昂扬，那么治疗效果就能得到一定保证。

勇气是治疗肺炎的必备条件。如果想将病菌驱逐出去，让器官恢复正常，患者就必须学会克制自身情感。无论何种情感或情绪，都会导致呼吸方式的改变，从而给心脏造成压力。比如，有些肺炎患者不得不长期卧床休息，呼吸的频率大概在每分钟四十次左右，对他们来说，这或许是一种前所未有的体验——他们意识到自己的心脏已经不堪重负了。于是，在身体最"无助"的时刻，他们又招来了恐惧这个敌人。他们也曾想过要做点努力，让心肺功能慢慢恢复正常，然而却常常事与愿违。在卧床休息期间，患者需要对一切结果做好充分的思想准备，哪怕是最坏的结果，与此同时，也要好好保存每一份希望，鼓足勇气，积极地配合治疗，切莫给自身心肺功能平添压力，尤其是中老年患者，更应该如此。相对来说，年纪尚轻的患者通常都心力充足，生命力强大，要战胜肺炎这种疾病并不难；再加上年轻患者很少有人会心存牵绊，心态也会保持得更好，因此康复的概率和速度都会更胜一筹。

　　如果将时间倒回至十几年前，我们会看到，医生们在治疗肺炎时会使用威士忌和白兰地等烈酒，并将它们当作"救命的最后一根稻草"。如我们所知，这些烈酒当时还被用在了对肺结核的治疗上。医生们之所以这么做是有一定医学依据的：因为部分肺段被感染，以至于心脏的工作压力增大，这时，要维持心脏功能的正常运转就需要借助一定的外在刺激，譬如说适度适量的酒精。首先，在酒精的刺激下，心跳会加速；其次，酒精作为短期的心脏刺激物，并不会产生太大的副作用，当然，长期刺激自是不可取。医生们在酒精身上看到了希望，并认为在刺激心脏功能方面，酒精是不错的选择，甚至可以说是最好的选择。对于肺炎患者来说，对心肺功能的刺激很有必要。一方面，只有这样才能帮助心脏将血液源源不断地输送到健康的肺段，如果心脏的泵血力度不够，势必会影响供血；另一方面，因为部分肺段被感染，所有其他正常的肺段就需要更多的血液，以维持肺部功能的正常运转。

　　资深医生们都认定，酒精的刺激对治疗极有帮助，而且副作用极小。有的医生还表示，如果要在药物和酒精之间选一个，他们会放弃药物而选择酒精，因为经验告诉他们，酒精能为患者争取到更多的时间。

第十二章 肺炎的克星

酒精除了可以刺激心脏功能之外，还具有一定的麻醉作用。在酒精的刺激下，心跳会加速，当然酒精并不能直接作用于心脏，而是通过刺激植物性神经来加快心跳速率。如果将心脏比作火车发动机的话，那么植物性神经就是安全阀门；安全阀门能够控制发动机的运转速度，以避免超速运转而造成事故。同样的道理，植物性神经可以控制心跳的速率，让心跳维持在安全范围内。简单地说，酒精对心脏的刺激必须通过植物性神经的把关。

尽管酒精被视为刺激心脏功能的"良药"，但实际上，它的真实作用是压制，而非刺激。因为在酒精发挥作用的时候，患者的血压不但不会升高，反而会下降。或许有人会认为，既然我们已经知道酒精其实是抑制剂，却将它当作刺激物来使用，实在有些不可理喻。但我想说的是，无论如何，酒精对肺炎和肺结核的治疗都是大有裨益的。

在酒精的作用下，大多数人都会自我陶醉。对患者而言，虽然酒精可以带走心中的焦灼，但也会带走一部分意志力。适量的酒精不会对身体机能造成太大伤害，却会对心理造成巨大影响。患者有可能会对它产生依赖，有它在的时候，患者坚信自己能够战胜疾病；一旦失去了它，患者就会恐惧不安。恐惧心理会让他们渐渐失去自控能力，从而影响到心肺功能的正常运转。患者们从酒精那里获得的勇气，和自身意志力毫无关系，但不管怎样，终究是给了患者活下去的希望。在资深医生们看来，在恐惧感消去之后，患者们便会尝试着用意志力去对抗内心的负能量，将消极思想一一摒除。

十九世纪的医学界，低浓度酒精的使用已成为主流的治疗方式。打开任何一本医学教材，你都会看到，烈酒是备受推崇的"药品"，它可以用来对付诸如败血症、伤寒、产褥热、肺结核和肺炎之类的疾病。这类疾病很容易让患者心生焦虑，而焦虑感又会让免疫力下降，进而对人体的自我修复过程造成不利影响。酒精可以消除这些焦虑感，让患者以平常心去面对眼前的困难。

想要取得良好的治疗效果，最重要的便是让患者摒弃一切消极思想，充分发挥自身意志力；然后，尽可能地帮助患者找回信心和勇气。在这方面，优质的空气必不可少，它能舒缓患者的紧张情绪，让他们不再焦虑，不再恐慌，重拾信心与勇气，坚信自己终有一天能够恢复健康。毫无疑问，优质的空气是治疗肺炎的"良药"之一。在这样的环境中，患者的心态通常都是平和的、积极的、乐观的。这才是患者应该拥有的心境，切莫让焦躁、失落和悲伤填满自己的世界，莫要跪倒在疾病面前。只有勇敢地去克服所有障碍，才能重新获得健康的生活。这也是为什么越来越多的医生会建议肺炎患者进行疗养。所谓疗养，便是将治疗和休养合二为一，这样的方式能让患者更加放松，也可以避免很多无谓的痛苦。在疗养过程中，患者可能会有短期的不适感，但很快便能扛过去，并终将迎来最后的胜利。

无论是敞亮的房间，还是亲人的笑颜，不管是朵朵鲜花，还是声声问候，皆能给患者带去美好的心情，皆能激发出他们的意志力，让他们更加乐观，更加勇敢，也更加坚定。他们在康复之路上阔步前行，相信自己定能如其他康复者一样，重获新生。

第十三章 感冒咳嗽"不是"病

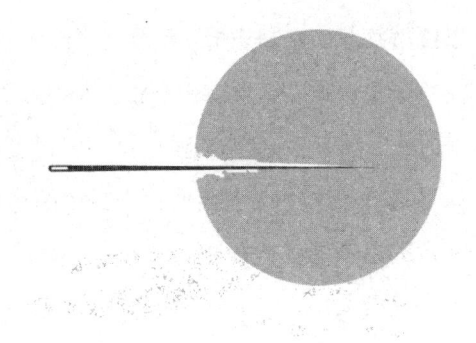

意志的力量

人们常常会忽视意志力对感冒和咳嗽所起的作用。不过，如果对这类疾病有所认知的话，你就会发现，在对付感冒和咳嗽方面，意志力很是得心应手。它不仅可以缓解症状，控制病情，还能大大缩短我们康复的时间。简单来说，如果有意志力帮忙，人们就可以更快地痊愈。在过去，医学界的普遍观点是，感冒患者和咳嗽患者应该尽量待在家里或者其他较为封闭的环境中休息，因为稳定的温度能让呼吸更加平稳；另外，无论是肺结核、肺炎这类大病，还是感冒、咳嗽这类小病，优质的空气都同样重要；如果环境中的气温较低那当然最好，因为冷空气能够促进人体的心肺功能。对于感冒患者和咳嗽患者而言，要做到这些事很容易，无须借助意志力的帮助，更谈不上要勇敢面对。实际上，如果人们愿意"求助"于意志力的话，呼吸系统的运转就可以更快速地恢复正常。

当然，如果遇到患者出现发烧的症状，最好还是选择静卧休养。不管怎么说，发烧的时候还是需要尽量避免各种身体活动。在这种情况下，我们即便不能到户外去呼吸优质的空气，也应该打开门窗，条件允许的话，最好将床移至门窗处。有时候，清凉的空气会让我们略感寒冷，我们或许会感到烦躁，但无论如何，我们必须忍受这种不适感。需要注意的是，如果气温太低，会影响患者的血液循环，如果发现患者手足冰凉、嘴唇泛紫的话，就应该赶紧把他们挪到温暖处。身体发冷，嘴唇泛紫，都是人体的应急信号，是在提醒我们多加注意身体的情况。不过，如果只是患者自己感觉"冷"，那多半和空气温度关系不大，他们不但不用太紧张，反而应该好好吸取空气的能量。在这种情况下，意志力就有了用武之地，可以帮助患者减轻身体的不适感。

咳嗽的时候，人们理应多到户外走走，多呼吸呼吸清新的空气；另外，无论咳得有多厉害，只要不发烧，就不要刻意地停下工作，当然，如果工作环境太过恶劣，空气质量很差的话，那就另当别论了。一直待在屋子里的话，并发症便会找上门来，从而令病情加重；但人多的地方同样也要少去，一方面，我们应该避免将病菌传染给他人，另一方面，在身体虚弱的情况下，其他病菌会乘虚而入，导致病情恶化。总之，在患上感冒和咳嗽的时候，我们应该来到户外，享受阳光和空气，让病菌不战而退。

如果出现并发症，或者感染上其他疾病，那么我们就必须多加休息了，通常情况下，需要保证每天静卧十个钟头左右。如果睡不着，也不用太焦虑，可以看看书，做做手工，或者找点自己感兴趣的事情做。不过，在做这些事的时候，我们还是需要躺着。活动时间不宜太长，那样会增加我们的疲惫感；高强度的运动和锻炼需要暂停，待身体康复后再继续进行。

我们需要了解的是咳嗽的本质——清除肺部和咽喉部的残留物。因为长期的堆积，那些残留物已经无处可放，必须要清除掉。正因如此，人们才会咳嗽。人体的呼吸道极易受到病菌侵蚀，无论何种病因的咳嗽，都会给呼吸系统徒增压力，呼吸系统的正常运转会因此而受到影响。在日常生活中，有些人总是动不动就咳嗽几声，尽管他们压根就没有生病。这些人之所以要咳嗽，有的是习惯使然，有的则是受他人影响。我们经常遇到这样的情况：在做礼拜的时候，忽然有人咳嗽了几声，然后所有人都开始咳嗽，好像都被传染了似的；还有的时候，演讲者说到一半，忽然开始咳嗽，很快整个大厅里都会响起咳嗽声。总之，在咳嗽和打哈欠这些事情上，人们总会受到他人的影响。

第十三章 感冒咳嗽"不是"病

某位德国医生曾经说道:"人们本不该为了证明自己最近咳嗽而假装咳嗽几声,除非你认为这样做对自己有好处。"换句话说,人们不该做些毫无价值的事,比如无缘无故地咳嗽。那些习惯性咳嗽的人或许从未意识到,自己的行为对健康毫无益处。咳嗽的时候,我们体内的垃圾以痰的形式被吐出来,只有让那些有害物质离开我们的身体,才能让疾病尽快痊愈。如上文所讲,有些人会在他人影响下刻意咳嗽,透过这种表象,我们可以洞察到他的潜意识:他渴望获得他人的关注,甚至是同情。这种行为是不可取的,需要借助意志力来加以克制。一般情况下,咳嗽次数的减少意味着身体即将康复,而自我感受也会日趋良好。

咳嗽的时候,人体最需要的其实是水,而不是药物。我们需要多喝些温水,万万不可喝太多凉水。在喝水这件事上,我们也需要有效地利用意志力,以保证有规律地为身体提供水分。标准体重的人,每餐之间补给一夸脱(美制 1 夸脱 = 0.946 升)温水便能有效缓解咳嗽症状;睡前喝上一杯热腾腾的牛奶,不仅能够提高睡眠质量,还能防止夜间咳嗽。药物的确可以迅速地治好咳嗽,但副作用也是在所难免的,甚至有时候还会适得其反。许多止咳镇咳的药物都会造成内分泌紊乱,从而影响人体的代谢和生理功能,其危害性不言而喻。一般来说,咳嗽都和感冒如影随形，虽然不属于重病，可要想治好，也离不开意志力的帮助。

有些医生在治疗咳嗽的时候会使用奎宁和酒精，事实上，这样的治疗不仅无效，而且对患者身体的伤害极大。当代的医学家们早已证明，奎宁和酒精是无法对抗持续性发烧的。在过去，奎宁是最普遍的消炎药，被用来对付一切炎症。如今，医学界已经证明，奎宁只能用来抵抗疟疾所致的发烧，除此以外，别无他用。如果不是用来刺激心肺功能的话，酒精本质上还是麻醉剂，对患者的身体健康有害无益。在这几年里，很多人在患上感冒和咳嗽的时候，会选择服用泻药、止痛片和消炎药，在他们看来，多吃点药就可以防止并发症的产生。其实，无论何种药物，都无益于身体。那些药可以为人们带去暂时的安宁，但同时又会减低身体的免疫力和抵抗力，这样一来，人们便会被病魔无休止地纠缠下去。

当我们不小心感冒之后，亲朋好友们总会让我们服用一些感冒药，这个时候我们理应坚定地拒绝。实际上，截至目前，人类尚未找到能在短时间内治好感冒的有效药物。有的人会在感冒期间服用泻药，殊不知泻药对免疫系统的副作用很大。诸如此类的治疗方法，早已被医学界摒弃。不过，时至今日，仍然有医生会为感冒患者开出含"锑"或"甘汞"的药品，或采用中世纪的"放血疗法"。如我们所知，清空肠胃的做法对治疗感冒和咳嗽其实毫无意义，而且还会对身体造成伤害。

如果是资深的医生，定然不会滥用药品来对付感冒和咳嗽这类感染性疾病。经验告诉他们，只要患者的状态是正常的，这些疾病就会不治而愈。如果患者希望尽快好起来，就需要充分地发挥意志力，从而激发和加强自身抵抗力。同时，作为医生，也需要有坚定的信念，杜绝一切毫无科学依据的治疗方法，尽量不以人为的方式去干预这类疾病的治愈过程。医生们应该相信，多年以后，患者们定会感谢他们当初采用了保守治疗的方式，而不是胡乱开些所谓的特效药。事实上，不管是针对哪类疾病，患者的自愈能力才是最好的治疗方式。

对于感冒和咳嗽而言，无论是预防还是治疗，都需要患者克服冷空气所带来的一系列不适感。许多患者都误认为，冷空气会加重病情，导致并发症，或者让咳嗽转化为肺炎等重症。事实绝非如此。据统计，春秋季是肺炎的高发期，而在三四月份，以及十月、十一月的时候，肺炎患者的死亡率最高。也就是说，最冷的十二月至次年二月期间，肺炎的感染率和死亡率都不是最高的。在美国的各大城市里，蒙特利尔的肺炎致死率最低，因为那里的年平均气温很低，积雪时间很长，可以达到三四个月之久；十二月至次年一月期间，那里的气温始终低于零度。在气候温和的南方城市里，肺炎的致死率出奇地高，因为这些地方即便是在换季的时候，气温也不会有太大变化。冷空气可以促进我们的心肺功能，加强人体的抵抗力。众所周知，免疫力和抵抗力是我们人体不可或缺的重要机能。

在气候寒冷的地区，人们很少患上感冒、咳嗽、支气管炎和肺炎等呼吸系统疾病。譬如那些极地探险家，他们常常在极端寒冷的环境中长期生活，但他们鲜少感染呼吸系统疾病。当气温处于零下三四十度时，他们的手脚可能会冻伤，可是呼吸系统绝不会出现问题。就在数年之前，一群探险者去到北极圈，并在那里居住了两年之久，在这期间，无一人感染上支气管炎之类的呼吸系统疾病。他们回国的时候正值春暖花开之际，许多人却忽然得了重感冒。极地生活并没有让探险者们身体抱恙，尽管酷寒难挡，但他们都坚持了下来，而回归城市之后，不到一个星期，他们就输给了感冒。由此可见，人们应该改变下想法了，实际上感冒多发于温和之地，它们一点也不喜欢严寒的环境。

城市居民们通常会在冬季被感冒侵袭，究其原因，多半是因为他们误以为身体会害怕寒冷。入冬之后，办公室里的暖气和空调就开始一刻不停地工作，华氏七十度左右的室内温度让职员们倍感舒适。户外冰天雪地，室内温暖如春。人体游走在两个极端环境中，很难不被感冒盯上。另外，美国健康服务局还指出，室内的空气湿度很低，流通性不强，这是导致人们在夏季容易染上感冒的原因。很多人都忽视了及时加减衣物的重要性，有时候会为了美观而忽略保暖，甚至在大幅降温的时候还穿得很少。当气温低于我们体表温度的时候，就会有更多的血液流向体表，尽管这个过程不甚舒适，但对于预防感冒和咳嗽来说，是非常有帮助的。当然，在这个过程中，我们需要充分地发挥自身意志力。

第十四章　一呼一吸间的意志

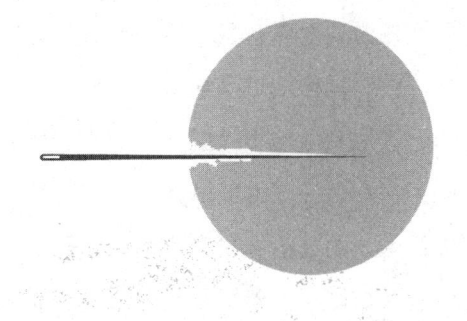

弗雷德里奇·穆勒曾是马尔伯格大学的医学教授,他在多年前曾做过一次精彩的演讲。那是在临床医学峰会的闭幕式上,他谈到了支气管哮喘等疾病:"哮喘的病因皆源自患者自身,他们应该好好审视一下自己。另外,在对付哮喘这类疾病的时候,我们不应忽视自我暗示的作用。"这番话显然具有很强的针对性。如今,许多医生在治疗哮喘的时候,除了使用药物之外,并没有进行系统的分析和研究,所以才导致了哮喘这种疾病很难得到控制。当然,我们也不能否认药物的作用,这些药物的临床效果还是不错的。

需要注意的是,穆勒所说的哮喘是神经性哮喘,这类哮喘属于非感染性疾病,而对于感染性哮喘而言,他的方法则需要考量。不过,就算是对于症状较重的过敏性哮喘,通过自我暗示的方式,也能让病情得到一定的缓解。

第十四章 一呼一吸间的意志

哮喘的典型症状是呼吸困难，甚至无法呼吸。斯特伦比尔教授曾对此做出过解释："哮喘发作的时候，支气管平滑肌会强力收缩，让支气管变得十分细小，以至于终端受阻。"哮喘的病因，并非是因为空气无法进入肺部而导致肺功能失常，而是由于肺内空气排出不畅，导致呼吸道受阻。呼吸系统痉挛会导致肺部出现气肿，外部表现为患者呼吸困难。我认识一位船长，他曾在海上突发哮喘，一度无法呼吸。周围的人都很关心他的病情，他告诉众人，自己肺里的空气太多了，必须要想办法排出多余的部分。他请求道："请大家帮我把肺里的气排出来，只有这样我才能正常呼吸。"简单来说，呼吸困难是呼吸系统痉挛所造成的。这个时候，患者应该做的是大力吸气、大力呼气，好让肺里的空气尽快排出。

人们通常都不忍目睹哮喘患者发病时的样子，他们是那么痛苦，那么无措。那种痛苦和无措，是常人很难感同身受的。如我们所知，当支气管平滑肌发生痉挛的时候，哮喘就会发作，如果能控制痉挛的发生，那么患者就不会发病，看起来和常人无异。患者发病的时候，通常会伴随着肌肉疲劳的现象，在这种情况下，意志力就至关重要了。

我们尚不清楚支气管平滑肌为何会发生痉挛；不过有一点是可以肯定的，患者的精神状态对病情的影响很大。大多数患者都生活得提心吊胆，小心翼翼地防备着一切有可能引发哮喘的因素。实际上，患者们只需要尽量避免接触那些会导致精神极度紧张的事物即可。除了极少数情况之外，生理因素通常不会和精神因素"同流合污"，共同诱发哮喘。过敏性哮喘的病因有很多，最常见的病源就是猫。很多人都是在养了猫之后才患上哮喘的，但同时，当他们接触老虎、狮子这类大型猫科动物时，却不会突发哮喘。无疑，在这些患者身上，天生就有某个"东西"是不接受猫这种动物的。另外，无论是猫还是狗，很多动物都会让人类患上感染性哮喘，譬如，有的人会因为骑了一次马而感染上哮喘。这类哮喘的病因很难觉察，大多数人不会意识到自己是因为接触了某种动物而患病的。显而易见，这类患者之所以会发病，不是因为他们害怕猫或者害怕马，也就是说，恐惧心理还不至于让他们的哮喘病发作。

恐惧心理会引发一系列的身体不适，譬如心脏方面的小问题，或肾脏方面的小毛病等，然而很多患者会因此而心生忧虑，以为自己身患重病。有的人在感到心悸心慌的时候，会认为自己患上了心脏病。我们还看到，有的哮喘患者同时会患上肺气肿——肺部舒张过度。这类患者的胸腔前后距离会变大，令胸腔呈现为桶状。这种症状有时候会被人们忽视，因为胸型看起来很像是胸肌发达所造成的。患者们在得知自身病情之后，常常会出现焦虑情绪，生怕心脏和神经系统有问题；在巨大的心理压力和紧张的精神状态下，哮喘发作的概率大大增加了。

在临床上，有的患者因为怕黑而常年和他人同睡，所有当他们被要求独自睡觉的时候，便会因为怕黑而突发哮喘。我的一位医生朋友便有这样的亲身经历，他对黑暗极度恐惧，当他独处于黑暗之中时，哮喘就会发作。我另一位医生朋友的病情则较为特殊，就算是在大白天，走在拥挤的纽约街头，他也会备感不适；要是晚上独自出行的话，他的哮喘一定会发作，而且症状十分严重。他来问诊的时候，总会让妻子陪同，因为他不愿一个人走在大街上，当然，他居住的地方距离我的诊所不算近。他害怕自己走着走着就发病，到时候自己一个人无法应对，所以就让妻子同他一起前来。

由此可见，想要抑制哮喘，关键在于克制内心的恐惧感。在发病的时候，患者应该充分地发挥自身意志力，努力克制恐惧心理，只有这样，痛苦才会得到缓解。优质的空气，平和的内心，无忧无虑的生活，皆是哮喘的克星。瘦弱的人应该适当增重，超重的人应该少吃多动，要做到这些，必然需要我们发挥意志的力量，坚持下去才会有所收获。凡是能让患者重拾自信的事物，都是治疗的好工具；对患者来说，相信自己能康复，才是最重要的。患者们所要做的这一切，都是为了减少哮喘发作的频率，降低发病时的痛苦。无疑，在抑制哮喘方面，意志力不可或缺，而且是医学界公认的"特效药"。

　　许多所谓的哮喘特效药都无法根治哮喘，尽管医生们还是会使用它们。显然，根治哮喘的最佳办法，还是借助意志的力量激发出无限的勇气，多进行户外活动，让体质好起来。倘若患者对康复毫无信心，或者不知道该怎么发挥出自身的意志力，那就很难打败哮喘这种病。恐惧心理是必须要摒除的，患者不应该时时刻刻都担心哮喘会不会发作。当哮喘发作时，平和的心态十分重要，要知道恐惧感只会给呼吸系统施加更大的压力。所有的困难，都会在意志力面前溃败，而药物只能锦上添花，无法雪中送炭。只有先解决心理问题和精神问题，患者才有机会重获健康，单纯依靠药物来对抗疾病，效果通常都不会太好。

第十五章　好习惯与好肠胃

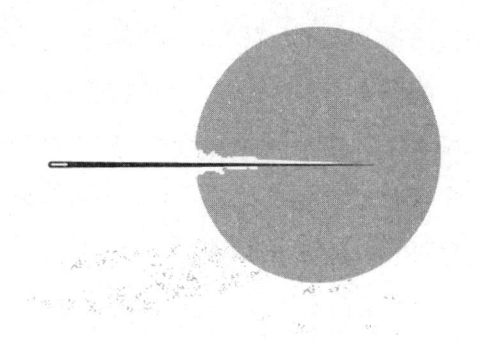

意志的力量

在最近的二十几年中,人类对消化系统的工作方式有了更深入的了解。在我们的祖先眼里,胃是消化系统中最重要的器官,而肠道就没那么重要了,不过是排毒的通道罢了。如今,人们对胃肠功能的认识有了很大的改变。胃好比是一个装东西的薄口袋,除了可以盛放食物之外,还会对食物进行一些简单的消化;而后,食物会被转移到肠道,被进一步分解消化。肠道不仅负责消化食物,还承担了营养吸收的重则,由此可见,它才是消化系统最关键的器官。当我们感到胃部不适的时候,通常是因为胃动力不足。如果胃部的幽门缩小了,那么食物便没有办法顺利地来到肠道中,这种情况对人体健康极为不利。同样,胃部胀大也会令人深感不适,倘若这种情况是由病菌引起的,那么就需要人们倍加重视了。

食物通过胃部的初步消化之后,如果能顺利进入肠道，那么肠道就能继续完成后续工作了。在对胃部进行常规检查时，我们常常看到，尽管很多人看起来很健康，没有出现任何身体不适的情况，但他们的胃液分泌显然是有问题的。在医学上，这种现象叫作"胃液缺乏"。如果胃部的分泌系统出了问题，没有办法分泌胃液，那么胃就没有办法对食物进行初步的消化。然而，这些患者似乎看起来都很健康。于是我们可以肯定，胃的主要功能其实是存放食物，而胃部不适和饮食习惯直接相关。和许多草食性动物一样，食物存放在胃里的时间长达五六个小时，只有这样，人体才能获取到持久的能量，有力气去劳动和娱乐。

在消化系统中，肠道是首屈一指的功臣，胃部是不可或缺的得力助手。事实上，很多病例都能验证这个观点。例如，许多患上胃癌的患者，最后不得不将胃部分或全部切除掉，在那之后，他们不但没有变得更加虚弱，反而成功增重，身体也越来越健康。全球首例全胃切除的患者名叫施拉特，手术过后，她的体重很快就增加了四十磅左右。此前，因为身患肺癌，她变得越来越瘦，没过多久，癌细胞又扩散到了胃部，令胃部失去了存放食物的功能。在手术过后，她不得不改变饮食习惯，基本上只能吃流食。她每隔九十分钟就得吃些食物，而对常人来说，每餐的间隔时间大概在五六个小时。在这种情况下，她的肠道功能运转得很正常，同时肝部和胰腺的分泌功能也很正常。通过这个病例，我们不难看出，其实肠道比胃更重要。

　　这些年来，医学家们对肠道作用的认识越来越深了。肠道作用就好比一个钟摆，总是在来回摆动着；当它停留在某个位置上时，人们的警惕性和焦虑感就会上升，从而影响肠道的正常功能。很多人都会把肠道视为人体的垃圾箱，并且很在意垃圾箱有没有被清理干净，殊不知这种无谓的关注会对消化功能造成很大压力。其实大多数人的肠道功能都运转得很好，可是人们却过分在意它的消化作用。这么做会让消化系统失衡，后果是很严重的。换句话说，引起消化不良的主要原因是人们过分在意肠道的消化作用，以至于肠道功能无法正常运转。要知道，肠胃会遵循人体的自然规律来发挥消化作用，而无须人们投入过多精力，因此人们完全不用借助外力来促进肠胃的动力，那样做对消化功能毫无益处。

　　这也是很多人会出现胃肠功能失调的原因之一。在我们的生活中随处可见各种肠胃药物的广告，这些广告均宣称自家药物可以清肠胃排毒素，还特别强调这些药物都是安全的，不会产生任何副作用。更有甚者，有些广告还宣称某种药物不但可以缓解消化不良的症状，还可以防治诸多并发症。我想说的是，切莫轻信这些广告，否则后患无穷。马修·阿诺德医生在多年前曾赶赴美国参加过一场医学研讨会，他在会上提出，世界缺少的是"指引和希望"。针对美国人的生活方式，有医生告诫道，倘若一切都如医药广告所宣扬的那样，那么美国人只要有泻药傍身，就万事大吉了。实际上，所有的医药广告都是"纯金打造"，有的广告费甚至比制药费高出好几倍，如果药物卖不出去，又怎么能收回成本呢？数据显示，在美国，泻药的年销售额高达十几亿美元，仅次于威士忌和烟草。

长期服用泻药会对身体造成极大的危害。很多医生都习惯性地让患者服用泻药，并向患者保证这些药物受到了医学界的认可，而且毫无副作用。然而，患者们通常在服药后不久就会出现各种身体不适。当然，如果患者本身存在便秘的情况，那么服用泻药尚算合理，服用时间也可以稍微久一点。但不管怎么说，对症下药都是必须的，因为每位患者的个人身体情况皆不相同。是药三分毒，不管毒性是强是弱，总归都对身体有害。近年来，很多医生开始使用稠油（液状石蜡，提炼自石油，可做泻药）来治疗疾病。医学研究和临床试验皆表明，稠油的副作用是相当大的。总之，身为医生，绝不能只想着对付患者当下的病症，还要多加考量药物的长期影响。

大多数情况下，导致肠道功能失调的原因是人们强行扰乱了自身的生理规律。现代人对食物的要求越来越高，食材也越来越精细，粗粮已逐渐淡出了人们的生活。然而，事实上，我们的肠胃真正需要的正是粗粮。在人们的餐桌上，我们可以见到精致的白面包、软骨和肉类，却鲜少见到肉类中所夹杂的结缔组织，以及胡萝卜、甜菜等蔬菜，其实这样的餐食并不利于消化，也不利于肠胃蠕动。另外，现代人已经习惯了坐车出行，很少走路，所以身体的活动量是严重不足的。不常做伸展运动的人，肠胃的蠕动会越来越慢，以至于最后需要用药物来增强肠胃动力。肠胃的消化能力和意志力不无关系。我们很难见到一个人既不运动，消化又好。那些从不为消化问题所困的人，饮食结构一般都很合理。人们应该调动起自身意志力，接纳粗粮，多吃些燕麦、全麦面包和水果。很多水果其实都不用削皮，譬如苹果、梨子、李子和杏等，至于柑橘类的水果，也是可以直接吃的，而且有助于消化和排毒。很多人在吃土豆的时候都会削皮，其实这种做法并不可取，因为土豆皮不仅富含营养，而且也有助于消化。另外，如同去皮的水果一样，只吃精肉也不利于肠胃的消化吸收。如今的人，一遇到消化不良的问题就求助于药物，这种行为会对消化功能造成极大的影响。

现代医学认为，身体缺水也会导致胃肠功能失调。在平日里，长时间身处室内的人常常会忘记给身体补水，尤其是当人们待在有暖气的屋子里时，很难察觉到身体的缺水状态。众所周知，无论是暖气还是空调制热，都会快速地夺走人体内的水分，因而处于这种环境里的人必须要及时补水。在生活中，很多物品会在干燥环境下变得脆弱不堪，譬如书本和家具等。人体亦复如是，在严重缺水的情况下，人也会变得脆弱不堪。所以，人们理应养成良好的饮水习惯，晨起多喝水，睡前适量饮水，两餐之间要保证五六杯的饮水量。相较于热水和温水而言，凉水更能刺激肠胃蠕动。而想要培养起喝凉水的生活习惯，就要求人们充分地发挥自身意志力。在我开出的药方中，偶尔也会出现锂盐之类的副作用极小的药物。患者只需每天饮用三到四杯锂盐水，就能很快培养起及时补水的习惯。患者们对这类药物的接受度一般都很高，不过很难说清，如果没有这些药物作为精神支撑，他们还能不能做到有规律地饮水。

此外，有规律地如厕也是很重要的生活习惯。不管是两三岁的孩童，还是七八十岁的老人，要做到这一点都不难。对于孩子们来说，一般都是想尿就尿，不会刻意憋着。定时如厕有益于我们的健康。这样的习惯和其他习惯一样，需要进行长期的训练，不过在训练过程中，人们无须动用任何强制手段，只需要稍加关注，很快便能有所收获。或许有的人会觉得，这么小的事，对健康能造成什么样的影响呢？当然，只有那些如厕习惯良好的人，才知道它的好处。这就如同看书读报，人们总是一边读着贺拉斯，一边想着利比蒂娜，因为在阅读的时候，人的注意力极易分散。当心智活动呈现出游离状态时，只有意志能将它牢牢抓住。

尽管肠道平滑肌是不随意肌（不受意识支配，有规律地接受自主神经调节的肌肉），但事实证明，这些肌肉会间接地受到意志的影响。这就如同我们的心跳，它本是一种有规律的自发的生理活动，但也被情绪和意念影响。如我们所知，人们在备受激励的时候，心跳会加快；在心灰意冷的时候，心跳则会减慢。同样的道理，如果意志所传达的信息是积极向上的，那么胃肠功能就能得到加强。

还有一点很重要，肠胃不适时常会引发人们心中的焦虑感，但这种消极情绪是需要我们尽量去克制的。在前文中，我们已经阐释过恐惧心理的危害性，所以在这里我想告诉大家的是，如果肠道无法按时完成清理工作，不管是几个钟头，还是一整天，我们都无须惶恐，因为这对健康并没有太大危害。很多时候，肠道功能失调在第二天就能得到缓解，如果你仍然感到身体不适的话，多半都是焦虑感在作祟，而不是肠道中毒。当然，近年来，关于肠道自体中毒的说法甚嚣尘上。在医学上，肠道自体中毒不但会引起肠胃不适，还会让其他身体器官患病。另外，神经性功能障碍和精神类疾病也会导致肠胃不适，因为这些患者通常都会十分关注和担心自己的消化功能。

意志力可以帮助人们维持肠胃的健康状态。人们需要合理膳食，有规律地饮水，内心平和，尽量避免一切消极情绪，只有这样，胃肠功能才不会受到影响。如果能坚持良好的生活习惯，身体方面的诸多问题便能迎刃而解。

第十六章　忘掉心痛的感觉

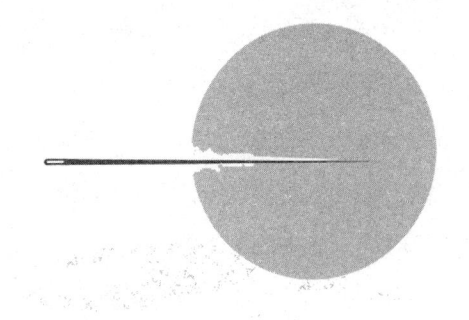

意志的力量

　　对于任何动物生命体而言,心脏是最先形成的器官,可谓生命的动力之源。在胚胎里,当神经系统发育完成之后,心脏就会开始跳动。心跳属于自发性活动,不受意志控制,换句话说,在维持心跳这件事上,意志起不到任何功能性作用。不过,在人类的所有器官中,受情绪影响最大的器官便是心脏,这就意味着,意志可以间接地对心脏施予一定的影响。无论是在何种人类文明当中,对这一事实的描述都如出一辙。比如说,在表达"失意"和"得意"的情感时,撒克逊人所说的语言和法国人所说的话高度相似。在紧张慌乱的时候,人们会觉得内心很压抑;在激动兴奋的时候,人们会觉得无论是生理还是心理,都充满了活力。任何积极向上的情绪都会赐予人们力量,让困难的事情变得简单起来。

　　人的精神状态会对心脏功能造成一定的影响。很多人时常会觉得胸闷,这多半是因为他们过度关心心脏的

第十六章 忘掉心痛的感觉

状态。在日常生活中,很多原因都会让我们将目光集中在心脏上,这不难理解,毕竟心脏问题是生死攸关的大问题,和我们的健康休戚相关。譬如突如其来的惶恐情绪会导致心跳加快,这是在提醒人们,需要关注一下自己的心脏了。正如胃一样,如果胃里积存了太多气体或者食物,人们就会觉得难受;心脏如果出现了问题,也会表现出一些症状。当然,我们不应该过于担心或畏惧这些症状,恐惧感等消极情绪只会增加心脏的负担。

人们越关注自身心跳的情况,就越容易产生心慌心悸的感觉。当我们想要抑制某种情感时,心跳通常都会加快;可是很多时候,人们感觉心慌心悸并不是因为心跳速率改变了,而仅仅是因为人们将注意力都集中在了心脏这个器官上。另外,诸如怨天尤人、杞人忧天之类的情绪,都会造成心慌心悸的现象。

这些症状的出现,并不一定意味着心脏出现了功能性障碍,在这种情况下,患者需要调动起自身意志力,将注意力转移到别的事情上,不要对心脏状态太在意。如此一来,各种症状终将销声匿迹。大多数"患者"的心脏都是健康的,但他们对相关的一些症状太过紧张。摆脱对心脏的过分关注,说起来容易做起来难。我们必须让患者明白,他们的心脏功能十分正常;在此基础上,还要帮助他们培养起"不那么过分关注"的习惯,只有这样，才能让他们真正走出困境。如我们所知，过分关注会引发身体不适，因此患者们必须改掉这个坏习惯。事实证明，大多患者都属于此类情况，他们的生活也因此备受影响。如果他们想要走出困境，就必须依靠意志力，别无他法。据我所知，有的医生会给这类患者开出洋地黄类的药物，这些药物都是治疗心脏病的，盲目服用只会给患者带来更大的伤害，还会让他们误以为自己真的患上了心脏病。

当心功能障碍太过严重的时候，身体活动便会受到影响，甚至还会出现心绞痛。患者除了要忍受各种身体不适之外，还不得不忍受心绞痛的折磨，这样一来，他们往往会怨声载道。有的时候，患者会觉得左臂痛，或者左边脖子痛，抑或肩胛骨痛，他们认为这是心绞痛的前兆。当然，事实并非如此，这些症状通常和心脏问题并无直接关联。年轻人通常都不会太在意这些症状，他们并不会去深究这到底是心绞痛的前兆，还是心肌痉挛。一般情况下，当心脏肌肉出现痉挛时，心脏的冠状动脉会快速收缩，导致心脏供血不足。相比之下，上了年纪的人会更在意这些病痛，也更容易出现心绞痛和心肌痉挛的情况。

据我所知，心绞痛的疼痛指数相当高，一般人实难承受。心绞痛发作时，很少有患者会触地号天或捶胸顿足，他们多半只能神情痛苦地躺在病床上，偶尔哀号几声。临床医学告诉我们，真正的心绞痛鲜少发生，心脏部位出现的大多数疼痛都不是心绞痛。就算痛感蔓延至左臂，就算患者觉得痛不欲生，但大多数心脏疼痛都不是心绞痛。当然，在旧时代，医生们没有办法做出如此明确的区分，只能将这些症状都和心绞痛联系在一起。

在治疗心绞痛的过程中，勇气是不可或缺的因素。患者想要摆脱病痛的纠缠，就必须勇敢地面对病魔，忍受一切苦痛。简单地说，精神状态至关重要。通常，医生会使用硝酸盐，尤其是亚硝酸戊酯来治疗心绞痛，而这些药物的疗效还不错；不过，对于那些症状类似，但又不属于心绞痛的疾病而言，想借助药物来控制病情是很难的，这时候，意志力的作用就十分关键了。有的时候，心脏部位的疼痛不过是因为心肌受到了些许刺激，然而有的患者却十分恐惧，他们过度放大了疼痛感，过分关注心脏的状态，甚至觉得自己已病入膏肓。在这种情况下，患者必须尽快让自己从焦虑中走出来，心平气和地看待所有的症状和问题，不要让消极情绪影响了自己的判断，同时还要将注意力从心脏转移到别处。

另外，要改掉任何不良的习惯，都必须借助意志的力量，只有这样才能为心脏提供源源不绝的能量和营养。如我们所见，很多患者都很瘦弱；他们大多数时候都身处室内，缺乏锻炼和运动，同时还养成了很多坏习惯。只有意志力能改变这一切：坚持合理膳食，坚持运动锻炼，让病痛远离我们的身体。

户外活动有助于缓解心功能障碍。无论是优质的空气，还是适当的锻炼，对心肌来说都是一种良好的刺激，对心脏健康很有益。很多人都认为，心跳过速意味着心脏出了问题，此时不宜进行户外活动，应该在家静养。适当的休息是可以的，但凡事皆过犹不及。和其他部位的肌肉相同，心肌也需要通过锻炼来维持正常的工作，若非如此，便会对心脏功能造成阻碍。在心脏病的治疗史上，巴特瑙海姆（位于德国黑森维特劳县，靠近法兰克福）疗法是里程碑一般的存在。这种治疗方式十分强调身体锻炼，而且要求锻炼过程要有阶段性的目标和详细的规划。巴特瑙海姆四面环山，从山外到谷内，每隔一段距离就立着一个指示牌，上面会标出剩下路程的公里数。在治疗的时候，患者们需要先走上坡路，再折返回来，走下坡路。通过这样的方式，患者们通常可以很快放松下来，不再焦虑不安。

事实证明，巴特瑙海姆疗法的效果很不错，于是越来越多的医生开始向患者推荐这种治疗方式，并且几乎所有的患者都获得了很好的疗效。这种方式不仅可以用来治疗机能性心功能障碍，还可以用来治疗神经性心功

第十六章 忘掉心痛的感觉

能障碍。当然，对于神经性心功能障碍患者而言，调动起自身意志力，控制好情绪，经常锻炼是必不可少的。心肌酸痛之类的心脏不适似乎更"偏爱"男性一些，不过大多数不适感都是缺乏锻炼造成的，心脏本身并没有患病。很多人在年轻的时候酷爱运动，但随着年龄的增长，人变得越来越闲散，各种身体不适也随之出现；对于运动员和体力劳动者来说，年轻的时候身体极为健康，可在生活习惯被改变之后，他们会感受到强烈的身体不适。一直生活在乡村的人，一旦来到城市就会觉得不舒服，显然是环境的改变对他们造成了影响。所有的这些不适感，都会在户外活动中得到缓解，甚至消失。在户外的运动和锻炼中，人们能充分地发挥自身意志力，改掉坏习惯，养成好习惯。

很多运动员在退役之后都会时常感到心脏不适，这多半是因为生活太过安逸而造成的。有的医生认为，心脏部位的不适感可能源自当年的严苛训练，但在我们看来，这种情况发生的概率是很小的。当然，有少数运动员会因为过去的训练太过严酷而留下一些后遗症，但对于大多数运动员来说，心脏不适是在提醒他们，心脏需要锻炼了。大多数功能性疾病的诱因都是器官缺乏锻炼，例如神经性消化不良，其原因正是心脏和胃都缺乏锻炼。由此可见，锻炼这种事情，最怕没有恒心，只有坚持下去，才能收获好的身体，重拾自信。我们还看到，在因为战争而患上炮弹症候群的人当中，年轻军官的数量要比普通战士多出很多。这或许和教育水平有关。我们发现，接受过高等教育的人，似乎更容易患上心跳过速这类疾病。在我看来，如果他们能了解心跳过速的原因，便不会那么关注心脏的状态了。当然，若要将注意力转移到别的事情上，还需意志力来帮忙。

很多人都会因为心脏出现早博现象而忧心忡忡。事实上，无论是心脏早博，还是房颤和心律不齐，都属于不规律的心脏活动，或者说是不正常的心脏活动，同时还会引发很严重的后果。在这些不正常的心脏活动中，最为人熟知的便是心律不齐，它很常见，症状也不算严重。我的两位医生朋友曾是大学校队的成员，那时候他们不过二十几岁，却时常出现心律不齐的现象。不仅如此，心律不齐还伴随着他们中的一位走过了漫长的三十五年。在这三十五年里，我的这位医生朋友一直精力充沛，心脏也很健康，上下楼梯毫不费力。他曾经想要投下一份二十年的保险，没想到却让保险推销员左右为难，因为在保险推销员看来，在接下来的二十年中，心律不齐随时会要了他的命。他不得不连续问诊了三个医生，并开出了证明，才顺利买下了保险。如今，二十年早已过去，他的身体还是那么健康，尽管心律不齐的

第十六章 忘掉心痛的感觉

毛病一直伴随着他。

如上文所述,很多心脏方面的症状都是由于人们过分在意心脏状态,才导致心脏和身体出现不适。有的人总是对这些症状心怀畏惧,时刻担心着自己还能活多久。心律不齐并不是十分严重的心脏疾病。对于年轻人而言,若能好好了解这种病症,定能做出最正确的判断。我知道这样一件事:在美国的一所大学里,一位行政工作人员在三十几岁时患上了心律不齐,他一度以为自己无药可救了。然而,想不到的是,他却活到了九十余岁。诚然,我们理应关注心脏的健康状况,只是不应该太过杞人忧天,要知道,并不是所有的心脏疾病都会威胁到我们的生命。想要缓解心脏不适,患者们必须借助意志力,卸下一切精神压力和思想包袱,认真了解与心脏有关的知识,保持平和的心态,避免任何不当的行动。在我的病人中,很多人在二三十岁的时候就患上了心律不齐,最后却活到了八九十岁。

太过在意心脏状态,结果就会适得其反。还有很多病例,都能说明意志力对心脏健康起着极为重要的作用。焦虑感可能会导致心跳加快,也可能会导致心跳减慢。所以,如果患者以为自己患上了心脏疾病,那么他内心的焦躁便很容易造成心跳加速;他的心脏或许很健康,但他却自己给自己制造出了心律不齐的症状。事实上,心跳加快或心跳减慢多半都是焦虑引起的，心脏本身并没有出什么问题。所以，人们无须太在意心律的快慢，每到这个时候，医生和患者应该做的就是等待，因为心律总会自然而然地恢复正常。

在对心脏疾病的治疗过程中，意志力的作用是不可忽视的。勇气可以帮助心脏避免一切消极情绪的影响，让心脏保持正常的工作状态。无论是哪种恐惧心理，都会对心脏造成巨大压力，从而导致心脏功能失常。还有一些人，之所以会出现心脏不适，是因为滥用药物所致。总之，患者需要借助意志的力量，将焦虑感和恐惧感彻底抑制住，才能保证心脏不会受到不良影响。无论是饮食，还是运动，抑或是工作，人们永远都离不开意志的力量，它的价值是难以言表的。对于那些身患绝症的人来说，或许真的只有意志力才能为他们争取更多的时间。

第十七章 慢性病，慢慢来

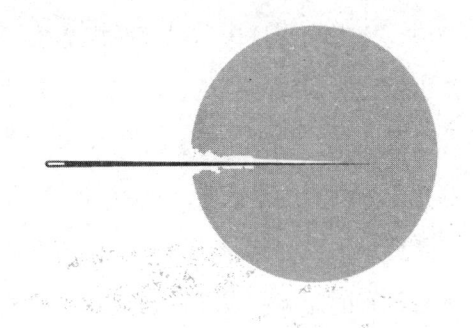

风湿是十分常见的疾病之一。医生们常常会这样询问中年患者："你会不会是得了风湿呢？"患者们做出的答复都相差无几。对这类病多少有些认识的人一般都知道，患者会出现关节痛或肌肉酸痛等症状。环境潮湿是引发这类身体不适的原因之一。关节疼痛大多都是慢性风湿所致，但严格来讲，由风湿病直接导致的关节疼痛是十分剧烈的。另外，风湿病的病程一般都十分清晰。患者会出现发热症状，通常会持续十余天，卧床休息一个月，有的患者会发热两三个月，卧床休息的时间就更长了。在我们看来，许多症状都是互为因果的，正如盖伦诊断法所总结的：第一阶段通常是发炎，第二阶段是肿胀，第三阶段是红肿，第四阶段是发热和疼痛。所有这些其实都属于风湿病的症状，但是每当医生问起来时，患者们大多都会矢口否认。

在人体中，有部分疼痛通常都和肌肉有关，出现的

第十七章 慢性病，慢慢来

位置大多是在关节处。截至目前，医学家们还无法解释清楚这类疼痛的形成原因，只能将它们归为一类，定名为慢性风湿病。在潮湿的雨天，患者会备受关节疼痛的折磨，这便是慢性风湿病的典型症状。不仅如此，包括关节错位、骨裂、变形和扭伤等症状，肌肉系统的一系列酸痛症状，甚至是扁平足等症状都被归属为慢性风湿病。对于年老的患者而言，这种疾病会让他们逐渐失去行走能力。还有些患者，晚上睡觉时会觉得浑身酸痛，次日醒来痛感不但没有减轻，反而更加严重，如此一来，他们开始担心和恐惧，生怕自己瘫痪在床。

因为恐惧心理作祟，这些症状才会长期地反复地出现。如果能将恐惧感抛诸脑后，患者们定会发现，瘫痪在床这种事纯属无稽之谈。当然，风湿病的确会造成关节损伤，而且有时候这种损伤是不可逆的，一旦导致瘫痪，就再也无法康复。慢性风湿病给患者们带来的痛苦是无以言表的，正因如此，很多人才会谈之色变。倘若病情每况愈下，患者便会整日担惊受怕，担心自己再也站不起来，渐渐地，他们对治疗失去了信心，失去了希望。曾听闻过这样一个观点：风湿性关节炎和风湿病毫无关系。在一些人眼中，风湿性关节炎不过是另一种痛苦的疾病罢了，而不是风湿病的后遗症或并发症。不过，真正患上风湿性关节炎的人并不太多。所以，人们无须将自己置于恐慌之中，而理应积极乐观地看待这些病症。

慢性风湿病所引发的疼痛是很强烈的，同时也是意志力无法消除的。毕竟这些疼痛属于器质性长期病变所造成的，所以在病情尚未好转的情况下，无法通过外力来消减。对于这种十分常见的慢性病，绝大多数患者都只能通过意志力来稍微控制下病情，让病痛有所缓解。事实上，如果单凭意志力就能打败病魔，消除病痛的话，那么患者就不会在雨天里被强烈的疼痛折磨了。总之，慢性风湿病所导致的疼痛，无法单纯依靠意志力或者精神疗法来消除，有的时候连药物也帮不上忙。

意志力的最大功效是转移患者的注意力，让他们自信起来，不再对自身病情过度关注，不再去想自己会不会瘫痪。我们看到，很多患者的心态都很健康，能持之以恒地与疾病抗争，最终也都慢慢地好了起来。在医学上，对付风湿病的办法有很多，譬如化疗、电疗、水疗、物理疗法和运动疗法等，患者通过这一系列的治疗通常都能控制住自身的病情。我们常常听说，一些江湖术士成功地战胜了风湿病，但实际上，他们治疗的疾病其实并不是风湿病，或者说那些疼痛并非属于风湿痛。生活较为贫困的人通常很难让自己从风湿病的魔掌中逃脱出来，不管他们进行了何种疗法，都不管用。究其原因，或许是因为他们在面对这类病痛的时候，很难充分地发挥自身意志力。

如果人们对慢性风湿病有一定的认知，便能一眼看穿那些江湖术士的把戏。那些家伙的最终目的不过是赚钱而已。他们会郑重其事地给患者制订所谓的治疗方案，但本质上不过是在激发患者的意志力，帮助患者树立自信，让他们相信自己的病是可以治愈的。诸如此类的病例，在生活中并不鲜见。那些所谓的医生总是在自吹自擂，编造出各式各样的治疗方法来欺骗患者，而那些方法根本毫无效用，不过是用来骗钱的工具罢了。我们当然知道，那些江湖术士的骗术堪称一绝，但更重要的是，我们需要知道为什么还是有患者真的康复了。

格雷特雷克斯的经历最能说明其中的缘由。格雷特雷克斯是爱尔兰人，曾经在弗兰德斯服过兵役。他在退役后无事可做，便打算以"行医"为生。那时候，刚成为护国公不久的克伦威尔宣布禁止施行"国王触摸疗法"。国王不能再参与治疗疾病，不能和任何患者有所接触。在这条禁令当中，格雷特雷克斯发现了"商机"：尽管国王不能再通过触摸给人治病，但这并没有彻底推翻"国王触摸疗法"，也就是说除了国王之外的人还能通过触摸的方式来给人治病。于是，他对外宣扬说，国王连续三晚给自己托了梦，让他代替国王为众多患者施行触摸疗法，以帮助众生获得健康的身体。

大部分人都对此嗤之以鼻，认为他是在胡说八道，可是也有少部分人信以为真。那些选择相信他的人，恐怕对人之本性还不够了解吧。很快就有人去找格雷特雷克斯进行所谓的触摸疗法了。这些患者大多都抱着"死马当活马医"的心态，想着病已至此，试试也无妨，反正被摸一下也不会受到什么伤害。令人震惊的是，许多患者在被格雷特雷克斯摸过之后，竟然感觉良好，病情也得到了控制，甚至是好转。于是，格雷特雷克斯"成功"了，人们将他视为上帝派来的使者，认为他的手能拂去世间所有病痛。没过多久，格雷特雷克斯名满天下，越来越多的人前来问诊，其中很多患者之前吃过很多药，接受过很多种治疗但都无济于事，现在，他们将格雷特雷克斯的触摸疗法当作最后一根救命稻草。

事实上，格雷特雷克斯只是简单地问了问患者疼痛的部位，再用手轻轻触摸一下，并信誓旦旦地告诉患者，他已经用"上帝之手"向疼痛处施加了一股神力，此后病痛会逐渐减轻直到痊愈。无疑，他还会告诉患者，康复的过程极为缓慢，但患者们已经有了良好的开端。在他的说辞中，触摸是治疗的关键，因此人们将这种触摸命名为"格雷特雷克斯的触摸"。在此之前，国王触摸疗法在英国十分盛行，达官贵人们在得到国王的触摸后，均会献上一枚金币作为答谢。格雷特雷克斯也按照这样的方式，向患者收取诊疗费。患者们呈上的金币都被他投炉重铸，成了他口袋里的金子。和格雷特雷克斯一样，大多数江湖术士的伎俩都是这样的。

这种骗术在美国也层出不穷，均是利用了人们的迷信心理。加文尼通过实验发现，如果刺激青蛙的神经或肌肉，青蛙的四条腿便会做出颤动的生理反应。伊莱沙·帕金斯在这个实验的基础上制造出了一台牵引治疗仪。这个治疗仪是金属构架的，长约四到五英寸（1英寸＝2.54厘米），顶部位置像铅笔一样尖。美国的医学史学家萨尔切曾表示，帕金斯发明的这部仪器几乎可以治愈一切病痛，尤其是在治疗慢性病方面，效果极佳。帕金斯也宣称，这部仪器可以成功治愈"头、脸、牙、胸、胃和后背等部位的疼痛"，还能治疗"风湿病等多种疾病"。换句话说，这部仪器可以用来对付一切病痛，特别是一系列老年病。在当时那个年代，帕金斯的治疗仪可谓风靡一时，但现在看来，他压根就是个骗子，所谓的治疗仪不过是他的摇钱树罢了。

人们一度认为，他的仪器之所以疗效显著，是因为里面的电流起到了一定的作用。人们从医学读物上得知，动物生命体是拥有磁场的，而磁场中存在生物电，也就是说生命离不开电流的作用。在当时，有三所美国大学的医学教授都表示，帕金斯的治疗方法验证了"电疗"

的切实可行。随着医学的发展，我们已经知道，电疗其实无法根治疾病，它的效用更多地体现在患者的心理层面，能够帮助患者摒弃消极的情绪，从而在一定程度上缓解病痛。帕金斯曾就读于耶鲁大学，精通生物学和心理学，这也是他胜于常人之处。他会对患者进行反复的心理暗示，告诉他们这番治疗定会有好结果。帕金斯的暗示重新点燃了患者们的希望，他们不再焦虑和恐惧；为了尽快康复起来，他们开始好好吃饭，积极锻炼。如我们所知，如果患者能斗志昂扬地向疾病宣战，那么大多数人都能在最后获取胜利。

十九世纪中叶，"生命磁场"还只是一种理论，尚未得到证实。然而，许多医生却宣称，"生命磁场"可以消除一切慢性病所引发的身体疼痛。他们的确找到了一种特殊的治疗方法，那便是催眠疗法。不过在当时，医生如果想要实施催眠疗法，就必须使用麻醉剂，而在那之前，麻醉剂只会被运用在手术当中。乙醚作为手术麻醉剂的一种，原本并未受到医学界的广泛关注，后来却被众多笃信催眠疗法的医生们用作催眠剂。当然，大多数医生并不认同这样的做法，在他们看来，乙醚可以用来催眠是子虚乌有的说法。

在帕金斯风生水起的日子里，法国的梅斯梅尔也混得不错。作为一名江湖术士，他不仅得到了巴黎人民的

第十七章 慢性病，慢慢来

认同，还成功吸引了医学界的目光。梅斯梅尔"创造"的疗法是：在浴盆里放入若干瓶子，在瓶子里放入一些金属，用电线将这些瓶子串联起来，然后让患者坐到浴盆内，再将电线的一头贴在患者手上。这个看起来像个电线圈的装置，被梅斯梅尔命名为"电池"。在许多人眼里，这个电学装置具有惊人的疗效。一部分患者表示，通过这种"电池疗法"，自己身上的慢性病和疼痛感都得到了缓解，甚至消失。后来，在一些公知的要求下，政府不得不请来本杰明·富兰克林等多名科学家对"电池疗法"进行论证。在经过一番研究后，科学家们宣布，在这种"电池"装置里没有发现电流，也没有发现其他物理能量。此后，梅斯梅尔的电学装置被禁用，同时还爆出了诸多丑闻，让众多患者心有余悸。

十九世纪末叶，催眠疗法卷土重来。这一次，催眠疗法被用来对付风湿病。医学界对这次的事件给予了高度关注。伯恩海姆是南锡大学的医学教授，主攻腰椎疼痛等疾病，但多年来尚无突破。有一次，他接诊了一位患者。在治疗了一些日子后，因为病情毫无进展，患者随即离院。后来，伯恩海姆和这位患者相遇，他惊奇地发现患者竟然康复了。他决定一探究竟，没想到患者对他说，这得归功于利博特的催眠疗法。此后，伯恩海姆对利博特的催眠疗法进行了研究，很快，他就对这种疗法另眼相看了。伯恩海姆的研究随即引起了人们的广泛关注。诚然，这些研究都是在三十几年前进行的。后来，催眠疗法还被运用到腰痛、坐骨神经痛等疾病的治疗当中，而在此之前，这类疾病很难得到有效的治疗。

令人感到意外的是，慢性风湿病所引发的关节疼痛居然被一位天文学家攻克了。马克西米兰·霍尔生活在十八世纪，是维也纳的一位神父。他开创的疗法其实十分简单，需要用到的只是一块磁石。在他看来，磁石能够给予人体某种物理能量，当然，如我们所知，这种所谓的物理能量其实并不能治愈疾病。后来，法勒尔·戈斯内尔接替了马克西米兰·霍尔的工作，通过一段时期的实践，法勒尔·戈斯内尔发现磁石并没有什么用。患者之所以会康复，主要是因为患者们借助了祈祷，或是宗教信仰的力量，保持了平和的内心，坚定地追求着健康。在接下来的日子里，法勒尔·戈斯内尔还建议患者们多进行体育锻炼，不管身体有多痛苦，都要坚持下去，事实证明，患者们的病痛很快就得到了缓解。然而，教会对此深表不满，认为法勒尔·戈斯内尔的疗法有悖教义。要知道，在十八世纪，有悖教义的一切想法都是不被认可的。此外，道伊的疗法和法勒尔·戈斯内尔的疗法如出一辙，他成功地帮助很多患者走出了行动不便的困扰，重新如常人一般行走。

第十七章 慢性病，慢慢来

不言而喻，恐惧心理会加重慢性风湿病的病情。大多数慢性风湿病的患者都担心运动会让疼痛加剧，殊不知这种想法反而会让病情恶化。相比之下，无论是肌肉拉伤，还是关节脱臼，都不会给伤者造成如此大的心理压力。慢性风湿病患者因为避免疼痛而放弃了肌肉锻炼，而缺乏锻炼的肌肉会更敏感，从而让痛感变得更强烈。如我们所知，这种坏习惯来得容易去得难，因为很多人都无法调动起足够强大的意志力来克服病情的折磨。但是，如果他们能跟从前一样让肌肉得到适当的锻炼，那么病痛便能得到缓解。这就如同，运动员要练就一身强健的肌肉，就必须承受大量运动后的肌肉酸痛，即使有时这种肌肉的酸痛感十分强烈。尽管如此，运动员们为了能实现目标，总会默默地忍受，从不会抱怨连连。当然，久而久之，他们对高强度的训练习以为常，肌肉酸痛的强度也会逐渐减弱。

很多老年人因为缺乏锻炼而变得手脚不灵，并且常常会出现肌肉酸痛的症状。对于他们来说，想要采用运动的方式来找回从前的状态几无可能，毕竟，他们的肌肉已经出现了萎缩。老年人的肌肉是十分敏感的，经常会在潮湿的环境中疼痛起来。老年患者只能借助意志的力量，尽量让肌肉功能回到正轨，才能有机会重获健康。

十八世纪的医生相信磁石，帕金斯相信牵引治疗仪，后来人们笃信催眠疗法和生命磁场，最后道伊的疗法大行其道，但不管怎么说，所有这些疗法都是没有科学依据的，也没有任何实质性的效用。但是，这些疗法都给了患者精神上的鼓励，给了他们信心和希望。正因如此，在一系列江湖术士的骗局中，依然有患者奇迹般地恢复了健康。

  在前文中我们曾提到"专治"肺结核的"神医"约翰·隆格，后来他还涉足了慢性风湿病和诸多老年病，并且"大获成功"。他一度成了世人的"偶像"，赚足了眼球也赚足了钱。他先是用"呼吸疗法"来治疗肺结核，后来又自创外用药剂来治疗诸多慢性病。他的药剂风靡一时，备受人们的青睐。无论是贵族，还是平民，大多数人在涂抹了这种药剂之后都恢复了健康。后来，英国议会通过了相关议案，要求他公布药方，以便让更多的人能获得救助。我想，英国政府肯定为这个药方支付了重金吧。当然，药方最后被收录在了药典里。从药方来看，格隆的药剂并没有人们想象中的那般神奇，所含成分是松脂和蛋清。因此，在药方被公开之后，药效反而每况愈下，因为大多数人，特别是达官贵人们，并

第十七章 慢性病，慢慢来

不认为如此普通的药物能治好慢性病。甚至有人公开质疑药方的真实性，当然，他们也拿不出什么证据来。显然，格隆的药剂之所以曾经具有"奇效"，是因为人们选择相信他，也选择相信那种药能治好自己的病；同时，格隆还会想办法激发出患者的意志力，鼓励他们勇敢面对，勇于挑战。实际上，这类药物并不鲜见，它们的主要功能并不是与病菌对抗，而是调节人们的心理状态和精神状态，增强人体的免疫力和抵抗力，从而克制疾病。在许多患者眼里，格隆是神一般的存在，然而实际上，他只是个懂得如何激发意志力的"骗子"而已。在医学上，油脂类外用药剂的功效主要是镇痛，并没有办法让疾病得到根治，尽管如此，它们却能让患者得到些许安慰，并调动起自身意志力，从而让病情得到控制。

# 第十八章　战胜自我是最好的治疗

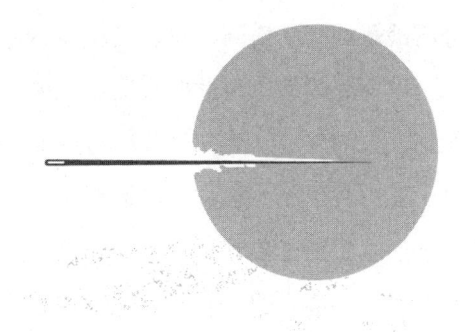

所谓神经官能症，主要是指因为精神出现失常或遭遇障碍，神经冲动的传输受到了影响，以至于神经活动失常的疾病。在医学上，这类疾病一直备受关注。通过分析战争期间的病例，我们发现并不是只有少数战士会患上歇斯底里症，而歇斯底里症是神经官能症的一种。此前，人们普遍认为，没有经历过身体伤害的战士，精神上也不会受到伤害；同时他们还认为，在战争期间，精神病医生的主要职责就是为战士们治疗脑部伤病，别无其他。说实在的，军队里的医生们恐怕从未想过，精神病医生一到战场上就摇身一变成了外科医生。然而，在精神病医生看来，神经官能症不应该被人们如此轻视。

实难想象，截至目前，在战争中患上神经官能症的战士已超过千人。人们将这类神经官能症称为"炮弹症候群"，症状包括狂躁、失语、头疼、抑郁、心脏疼痛、肌肉痉挛、失去知觉，以及怕黑、怕响、怕死，等等。

第十八章 战胜自我是最好的治疗

英国和法国的战地医院一共安置了五万余张病床，躺在上面的大多都是患上神经官能症的战士们。战争之初，在英国军队里，大约有三分之一的战士患上了神经官能症，并因此被迫撤回后方。相对来讲，受过高等教育的战士更容易患上这类疾病，发病率高出普通战士两倍多。另外，战争不仅会让奋勇杀敌的男人们遭受重创，同样也会给战地护士们带去伤害；部分护士也会患上神经官能症，只是数量上少了很多。

医学家们从层出不穷的神经官能症病例中获取了很多重要的经验。他们发现，对于这类疾病的治疗来说，患者的心态十分重要。患者们常常在医院里讨论战争的残酷以及给自己造成的伤害，无疑，每一次讨论都是在彼此的伤口上撒盐。不仅如此，他们通常还会下意识地夸大自己的遭遇，或者将别人的遭遇"据为己有"。无论如何，这些消极的心理暗示都只会加重他们的病情。这种行为就是医学上所说的病原性自我欺骗，或者歇斯底里谎言症，也就是通俗易懂的"谎言癖"，通常都和狂躁心理有关。这类患者的症状十分多变，因此需要随时接受治疗，否则将导致诸多生理性病症。

总之，医学家已经达成了共识，患者的心态决定了他们能不能战胜这类精神疾病。他们在残酷的战争中备受打击，并因此失去了自控能力；他们无法克制消极的情绪和心态，继而导致自身的精神疾病愈演愈烈。他们越在意自己和战友的遭遇，就越会心理失衡，无法自拔。美国神经研究中心的皮尔斯·巴里医生曾赶赴英法等国的战地医院进行指导，并对战争所引发的神经官能症进行了实地研究。在他看来，事实足以证明，巴宾斯基对癔症的解析是正确的。巴宾斯基是法国杰出的神经学家，他曾对癔症做出过详细的描述，并强调：癔症的病因其实是各种消极的心理暗示，这些暗示多源于医学检查和治疗方法。同时他还谈道，如果癔症患者将注意力放错了地方，就会导致病情恶化。在过去的法国，癔症属于常见病，不过时至今日，这种病已经很少见到了。我们很难从字面上看出"癔症"的病因和病理，只知道这种病曾经流行过。简单地说，癔症患者会"痴迷"于自身的某些症状，并且随时随地都在关注这种症状。

对于患上神经官能症的战士而言，除了要保持良好的心态之外，还必须激发出自身的意志力。首先，患者需要进行详细的体检，以确保身体机能毫无问题；在此基础上，患者理应意识到自己的身体并无大碍，完全没有必要太过担心和焦虑。实际上，很多患者从踏上战场的第一天起就开始焦虑了，他们总是担心自己会遭遇不测。全面的体检犹如一颗定心丸，让他们相信自己终有一天能恢复健康。渴望重获健康，无疑是一种积极的心理暗示。

除此之外,"再教育"和"自律训练"也是治疗这类疾病的好办法。医生们不仅要帮助患者重树自信,还要让他们懂得,健康永远都是最重要的。"再教育"主要是指,要设法让患者改掉自身的坏习惯;"自律训练"主要是指,要帮助患者建立良好的心态,杜绝一切有可能对神经造成影响的不利因素。我们在前文中提到过,因为战争而失语或失聪的患者在进行电疗时通常都会有所反应,这证明他们的感知能力并没有被彻底摧毁,可以通过治疗得到恢复。这类暂时性失语、失聪和失明,以及全身性知觉丧失等症状,都属于感官功能障碍,在电疗过程中,患者的身体都会做出颤动的反应。目前来说,电疗可以帮助患者克服这一系列感官功能障碍,因为只有让患者明白自己并没有失去感知能力,才能促使他们做出进一步的努力,而不是在症状面前怨天尤人。

巴宾斯基对治疗神经官能十分有经验,并总结出了一套十分特殊的疗法,他将这种疗法称为"破坏疗法"。对患者而言,"破坏疗法"的过程十分痛苦,因为医生会用法拉第电流不断地刺激患者身体,直至患者恢复听力、语言能力或行动能力。在巴宾斯基看来,这种疗法能在短时间内取得良好的效果,通常情况下,患者只需要经历一次"破坏疗法",症状就能得以减轻。这种疗法对器械的要求并不高,一个供电装置和一根长电线就够了,当然,还需要几位医务人员;在治疗过程中,患者会因痛苦而拼命挣扎,此时,医务人员便要"照顾"好患者,以确保治疗能继续。

心理问题所致的感官功能障碍并非不治之症,因为患者并不会为了逃避责任而有意为之,他们不过是在精神上一度选择了放弃。"破坏疗法"所带来的痛苦是他们无法承受的,他们想要尽快结束这场治疗,就必须想办法改变自己的心态,并清除身体机能所遭受的障碍。从本质上来讲,"破坏疗法"就是让患者在极端的痛苦中反省自我,并放弃之前的错误想法。毋庸置疑,在治疗的过程中,患者的身体必将遭受巨大的痛苦,与此同时,患者也必然会充分地发挥自身的意志力去承受这巨大的痛苦。然而,大多数患者很快就会努力做出改变。"破坏疗法"的存在,必有其道理,尤其是对于那些病情顽固的患者而言,或许不失为一个好办法。

我不禁想到另一种专治癔症的疗法,该疗法曾经十分流行,如今已销声匿迹,因为它毫无科学依据。那种疗法主要针对年轻的女性患者,通过激发她们的意志力来克制癔症的各种症状。当患者发病时,人们会朝她头上浇凉水。托马斯·摩尔爵士曾亲眼见到过很多这样的场景,深知那些患者都在所谓的治疗中身心俱疲,痛苦不堪。然而，精神病学家们不得不承认，癔症患者发病的时候就像是鬼上身了一般无法自控，有时候只能使用鞭挞之类的"酷刑"来驱逐他们体内的魔鬼。有的癔症患者认为自己失去了行动能力，抑或毫无工作能力，还认为自己拖累了亲人和社会，但在进行了"鞭挞治疗"后，他们奇迹般地重获了新生。如今看来，这种疗法着实有些残忍，所以人们选择用惩罚来代替体罚，通过制造适度的痛苦来治疗精神疾病。不过，就本质而言，惩罚和体罚并无区别。

精神疾病患者，尤其是神经官能症患者和癔症患者的常见症状是失聪和失语，以及丧失行动能力，除此之外，他们和常人无异。在周围人的眼中，他们简直一无是处，但是在医生们的眼里，这恰恰是症结所在：他们和周围人想的一样，认为自己一无是处，所以很难激发出自身的意志力。既然是战争，就一定会有伤亡，一定会有后遗症。医生们的治疗方法或许有些残酷，但对于患者来说，只有这样才能激发出他们的意志力，才能让他们渐渐健康起来。

不过，严格来说，我们不能把强制治疗和惩罚画上等号，强制治疗所针对的是疾病，而非患者本人。尽管过程痛苦，但强制治疗依然不失为一种必要的治疗手段。对于这种疗法，患者或许会深恶痛绝，或许会自我怜悯，或许会向他人寻求同情，然而，这些心态和倾向都会对治疗效果造成影响。如我们所知，癔症患者之所以会发病，通常和不良的心理暗示有关。因此，患者若想重获健康，就需要先找回自身的自控能力。换句话说，倘若患者的自控能力恢复了正常，那么神经官能症也会很快痊愈。最为关键的是，意志力会帮助患者重拾信心，他们再也不用四处寻求同情了。

巴宾斯基还认为，患者应该进行隔离治疗。在巴宾斯基看来，如果精神疾病患者之间存在交流的话，他们便会借此机会大吐苦水，而这么做只会让他们的精神状态更加不稳定，从而加重病情。另外，他还认为精神疾病患者的精神活动不宜太过活跃，因而在独处时，他们不能看书，也不能写字，更不能抽烟解闷。这种将患者置于封闭环境中进行治疗的方式，和过去的休息疗法一脉相承。在这种情况下，患者再也得不到亲友的安慰和同情了。患上神经官能症的战士们在被隔离后不久，病情都会趋于稳定，甚至有所好转。不过，隔离时间通常不会太久。

当然，医生应该慎重使用隔离疗法，不过对于病情不太稳定的患者而言，隔离是对他们有益的。当得知自己将被隔离时，患者们通常会选择从消极情绪中走出来。所以，大多数时候，隔离疗法并不会被真正实施，隔离用的房间在很多治疗中心都被改造成了病房或宿舍。不可否认的是，只要隔离的房间还存在，患者们就会有所触动，会尽力调动起自身的意志力。

皮尔斯·巴里医生曾说过，精神疾病患者在对抗疾病的过程中，最需要的是规劝和积极的心理暗示。在规劝无效，心理暗示也行不通的时候，自律训练就成了最好的治疗方法。在当今时代如何进行自律训练，这是值得我们深思的又一议题。可是不管怎样，战争已经告诉我们，当精神疾病患者认为自己一无是处的时候，多半是因为他们自己不愿做出尝试，此时，强制治疗就变得十分有必要了。患者只有在彻底摒弃原本的错误思想后，才能获得康复的机会。另外，巴里医生还提到，军官们患上"炮弹症候群"的概率比普通战士要高，同时康复的概率也比普通战士要小，这是因为医生们鲜少对军官们进行强制治疗。

第十九章　女人的责任与意志

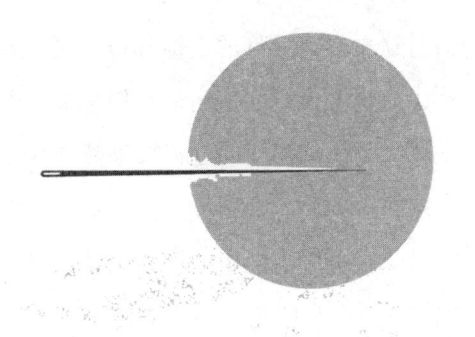

对于治疗妇科疾病来说，意志力是个很好的助手。它能削减女性对身体不适的抱怨，从而缓解很多由妇科疾病引起的症状。一般来说，工作有规律，热爱锻炼，而且饮食习惯良好的女性都很少被妇科疾病侵袭。就算不小心患上了妇科疾病，她们也能意识到及时治疗的重要性，当然，治疗的过程或许颇为煎熬。有些女性在患上妇科疾病后，会刻意夸大自身的病情，其实她们的身体只是出了些小问题。这类女性一般都不太喜欢运动，消化系统的功能也欠佳。

对于女性来说，如果整天都待在家里，不外出活动或锻炼的话，就会变得异常敏感，哪怕只是一点点疼痛，都会让她们心烦意乱。准确地说，不仅是女性，男性也是如此。我们很少会看到热衷于运动的人会抱怨身体不适，主要原因是他们都很健康。骑车和散步都属于户外活动，不过骑车更能提升人们对疼痛的承受能力。在旧时代，女性通常都整日足不出户。她们除了要承担大部分家务之外，还要负责缝衣织布等简单的劳动，只有傍晚时分才能闲下来看看书。当时，女性如果走出家门参与户外运动，就会被人耻笑，人们并不认为那样做是一种美德或情操。在男性眼中，女性还不够健壮，在运动时有可能会晕厥。在这种社会观念下，很多女性只能无奈地用抱怨和气恼来发泄情绪。

近年来，越来越多的年轻女性参与到了运动中。跑步是她们的最爱，不仅给了她们强健的身体，还缓解了她们生理上的疼痛感。热爱运动的女性很少患上妇科疾病，当然也很少服用药物。当然，还有一部分女性尚未享受到运动所带来的好处，她们需要走出家门，运动起来，去探索更美好的未来。事实证明，在三十岁之后，女性就应该积极地调动起自身意志力，参与到运动中去；运动的乐趣可以分散她们的注意力，如果她们不再关注身体不适，就不会再对疼痛那么敏感了。缺乏锻炼的女性对痛感的承受能力很弱，而且很多时候会把正常的身体疼痛视为重病前兆，在这种情况下，女性很容易产生自我怜悯的情绪，继而过度渴望他人的关心和照顾。

据我所知，这十多年来，许多原本没必要做手术的女性都无谓地挨上了一刀。她们认为自己病得很重，必须要进行手术才能远离痛苦。尽管有些手术的确可以控制病情，但总的来说，手术对身体的伤害也是不可忽视的。她们常常自我安慰说，这就是获得健康的代价。术后恢复期是十分重要的阶段，这时患者需要严格按照医生的建议来调整自身的饮食结构。合理膳食不仅有利于身体的康复，还能给予患者良好的精神状态。不可否认，大多数女性患者通过手术恢复了健康，但她们却没有意识到，手术本身无法给予她们永久的健康，不管医疗条件有多好，医护人员有多热心。她们躺在医院病床上的时候，是无法夸大自身病情的，另外，她们在医院里不得不谨遵医嘱，改掉一些生活中的坏习惯。这些女性患者在手术后通常都能成功增重，因为她们终于知道应该怎么吃饭了。说到底，是良好的生活习惯帮助她们找回了健康。

当然，有些患者是必须通过手术来维持生命的。不过，杰出的神经学家笛坎在参加美国医学大会时提出，在他接触的病例中，有些刚做完腹腔手术的患者会终日抱怨连连，认为自己的神经系统坏掉了，实际上他们的器官组织毫无病变的征兆。我曾在柏林见过这样一幕：当时是在凯格尼医生的私人诊所，一位患者前来问诊。这位患者的腹部神经出现了功能性障碍，他先后做了三次手术，最后把阑尾给切除了。凯格尼医生开玩笑说，自己应该在患者的结肠上做个总结："此处已无阑尾。"

第十九章 女人的责任与意志

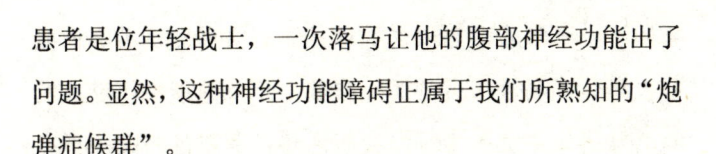

患者是位年轻战士，一次落马让他的腹部神经功能出了问题。显然，这种神经功能障碍正属于我们所熟知的"炮弹症候群"。

不应太过专注于身体的不适，更不应无谓地夸大身体的病痛，要做到这点，女性朋友们就需要为自己找到一个生活目标。这是战争给我们的启示。最让医生们头疼的，往往不是疾病本身，而是患者的焦虑感。战前，在美国东部的一个女子监狱里，很多女囚都患上了癔症。情况很快就陷入了混乱，监狱方面对此手足无措。突如其来的精神疾病迅速蔓延至整个监狱，很多女囚都开始尖叫不止，撕扯衣物，破坏物品。监狱不得不向神经学家求助，然而收效甚微。此时，战争爆发了。在监狱的命令下，女囚们开始为战士们编织毛衣和毛袜，并制作国旗。令人感到意外的是，女囚们的癔症奇迹般地得到了控制。几个月下来，竟然无一人发病。之所以会出现这样的情况，是因为女囚们已无暇顾及自身状态，都在专心致志地做着手里的工作。

不难看到，当女人们有事可做时，她们就会停止抱怨。因为手里的工作会转移她们的注意力，尽管她们偶尔会埋怨工作执行得不到位，抑或工作搭档太过懈怠。有的人会认为，如果让女性参与到忙碌的工作中，势必会增加她们的劳累感，从而让她们的身心状态越来越糟。

实际上，这种看法是极端错误的。心怀善意、关心他人的女性，因为很少过分关注自我，所以总能保持健康的身心状态。正如大卫·哈鲁姆所说："狗的身上如果有跳蚤，未必是件坏事，因为这能让它不再久久地埋怨自己只是一条狗。"话糙理不糙。对于女性而言，理应将注意力转移到更有意义的事情上，以避免小病成灾。

对于女性而言，心理需求比个人爱好更重要。让女性参与到军队的后勤工作中，是对她们极有帮助的一件事。纵观其他，无论是俱乐部活动，还是读书看报，抑或是别的兴趣活动，都很难缓解她们的病痛。女性天生就拥有更强大的爱的能力，尤其是对于孩童和病患；她们在医院里从事护理工作时，通常都会表现出极大的热情，十分乐意将内心的爱施予他人。当然，我们不能认为，这就是女性最深切的心理需求。当今社会，诸多女性遭遇了精神疾病，而这些患者大多都只有一两个子女，有的甚至没有儿女。事实证明，她们的身心因此而受到了严重的影响。不可否认，现在很少有人愿意多生几个孩子，这样一来，很多女性就无处释放自己多余的精力，只好转而专注于自身。不过，若是现在有人提出"应该彻底摒弃控制生育的思想，找回从前儿女绕膝的家庭传统，让女性专注于相夫教子的生活"，人们大概会认为他们是在痴人说梦吧。

第十九章 女人的责任与意志

无疑，生活之于女性，可怖之处总是太多。每况愈下的出生率，有悖于女性的精神需求；当她们迈入中年后，这种精神需求会变得尤为凸显。到那个时候，生活已经很难让她们感到满足了，随之而来的是连绵不绝的烦恼和忧虑。现实就是这么不近人情，她们穷尽一生追求着高质量的生活，最后却适得其反，落下一身病痛。对于我们的社会而言，何尝不是这样？如我们所知，出生率之所以会连年下降，并不是因为人们的生理机能下降，而是因为道德伦理的束缚。很多家庭选择少生，甚至不生孩子，都是出于个人意愿，而非生活所迫。在很多女性看来，控制家庭规模是很有必要的，这样一来，她们就有时间锻炼身体，保持健康。还有部分女性则认为，一定程度上来说，过多生育是对身体有害的。

的确，不管是生一个孩子，还是生两三个孩子，女性都必然要经历一段殚精竭虑的时期。她们总在担心孩子是否健康，自己有没有生病。一般来说，生育过两三次的女性，比生育过六次以上的女性更加健康。如今有这样一种观点：如果女性的生育经历超过三次，她的身体就会受到一定程度的伤害。不过，历史早就否认了这样的说法。过去的女性通常都会生育许多子女，那时候的家庭规模是很大的。更重要的是，那时候女性的健康指数要优于现代女性，尽管现在的医疗技术已经十分发达。在过去,女性都很长寿,子孙满堂,生活知足;而现在,女性却越来越孤单,面对无人陪伴的晚年,长寿反而成了一种折磨。历史可鉴,不管生育多少次,女性的身体都不会因此而受到伤害,这种担心是毫无必要的。

数据表明,过去的女性之所以会长寿,和生育数次不无关系。或许很多人在潜意识里也会这么认为,如今又有了数据的支持,我们理应相信,人的本能是倾向于自然规律的。诚然,让那些穷困潦倒的女性生养太多的孩子是颇为残酷的,为了养育子女,她们所做出的牺牲是超乎常人的,因此她们很难活得长久。但是,新南威尔士的数据表明,长寿的女性一般都生活无忧,而且拥有五到七个孩子。另外,在对美国富足家庭进行调查后,人们发现,身心健康的孩子通常都生长在大家庭中,而兄弟姐妹不太多的孩子则不太健康,他们不仅身体虚弱,而且很容易遭遇神经功能障碍等问题。亚历山大·格雷汉姆·贝尔曾经研究和分析过海德家族,结果显示:拥有十个以上子女的女性一般都很长寿。人们通常会觉得,太多次的生育会逐渐耗尽女性的精力,从而导致孩子们缺乏活力;而生育两三次则刚刚好,女性还能保持不错的精神状态。显然,真实情况并不是这样的。子女众多的女性反而更加健康,而且所有的孩子都很健康活泼。

很多女性最担心的是:太多的生育经历会消耗她们

第十九章 女人的责任与意志

过多的体能，也会增加遗传病的发病率；另外，如果自己生育太多子女，就无暇顾及每个孩子的健康成长，有的孩子会遭遇营养不良的困扰。这些担忧毫无必要。对于女性来说，生育是天性使然，能够激发出她们身体内的巨大潜能，她们应该为此而感到高兴才对，要知道，大自然是不会亏待任何一个孩子的，也不会让女性的身体因生育而受到任何伤害。

我们再来谈谈生育年龄的话题。众所周知，二十到二十五岁是女性的最佳生育期，而且出生死亡率也最低。还有观点认为，二十五岁之后生孩子的话，会让孩子更容易遭遇遗传病的困扰。不可否认，生育头胎的大龄女性的确需要面对更多的问题。从数据来看，连续生育七胎并不会影响女性的身体健康，而且每个孩子出生时的体重大多都相差无几。也就是说，每一胎诞下的孩子都是一样健康，一样活力四射的。

过去的观点是，出生率过高会影响人口的素质。但医学研究已经证实，这种想法纯属谬误。我们可以看到，当美国人的出生率越来越低时，移民的出生率却不降反增。在独生子女家庭中，孩子势必会被过度宠溺；更重要的是，和大家庭里的孩子相比，独生子女的健康状况令人担忧。再者，在独生子女家庭中，孩子一旦遭遇不测，母亲就会失去精神支持。就算孩子能一生平安，家庭中的核心地位也会让他变得自私自利，从而给家人带来无尽的烦恼。许多身体虚弱的老年女性都会悔不当初，在她们看来，自己年轻时不愿为人母，到头来余生孤苦伶仃；若是当初能勇敢一点，也许能换来一个精彩的晚年。

女人啊，想要留住健康和幸福，就要努力实现自我价值，不要只为自己而活，不要贪图一时享乐。哪怕生理上有缺陷，但只要能保持良好的心态，就不会陷入整日怨天尤人的困境。每天游手好闲的女性，就算养上几条宠物狗，也不可避免地会对自身苦痛过度关注。她们时时刻刻都被痛苦包裹着，怎么挣扎也无济于事；毕竟，人生的痛苦犹如荆棘遍布各处。如果她们不做出改变，任由自己困于绝境，最后痛苦将会变成无尽的自我折磨。事实上，这就是诸多科学难以解释的妇科疾病的病根所在。在治疗这类疾病时，医生通常会交给女性患者一些"任务"，让她们有事可做，从而转移她们的注意力，让她们无心抱怨，慢慢地，她们的病情就会有所好转。

为人母是大自然赋予女性的至高无上的权利，同时也是一种责任。在医学上，这也是预防神经官能症的最佳途径。如果一位女性能够勇敢地承担起为人母的重任，那么这股勇气也会帮助她保持良好的精神状态。内心的恐惧或许会驱使她们做出另一种选择，但事实证明，她们大可不必过度紧张和害怕。

　　战争已落下帷幕,女性们再也不用为战事而忙碌了。现在,我们理应让她们回归到家庭当中,只有家庭责任才能让她们远离"以自我为中心"的泥淖。事实上,无论男女,都应该勇于承担自身的责任。然而,近年来,越来越多的女性将自身责任抛诸脑后,因为她们不愿为此而做出丝毫牺牲。但是终有一天,生活将无法满足她们的精神需求,而到那个时候,她们已无力承担这样的重任。